KB175884

그리스
블루스

그리스 블루스

초판 1쇄 2014년 1월 29일
초판 2쇄 2015년 4월 02일

지은이 맹지나
펴낸이 채종준
기 획 이혜지
편 집 한지은
디자인 윤지은
마케팅 송대호

펴낸곳 한국학술정보(주)
주 소 경기도 파주시 회동길 230 (문발동)
전 화 031-908-3181(대표)
팩 스 031-908-3189
홈페이지 http://ebook.kstudy.com
E-mail 출판사업부 publish@kstudy.com
등 록 제일산-115호(2000. 6. 19)

ISBN 978-89-268-5456-3 03980

그리스
블루스

맹지나 지음

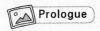 Prologue

에게해 남쪽 끝에 있는 그리스에서 가장 큰 섬이자

신들의 왕인 제우스의 고향 크레타,

사도 요한이 신약 성경의 마지막 장인 요한계시록을 작성한 파트모스,

재키 케네디가 선박왕 오나시스와 결혼식을 올린 스콜피오스,

이카루스가 하늘을 날다 촛농으로 붙인 날개가

태양에 가까이 가면서 녹아 떨어진 섬 이카리아,

호머의 오디세이의 배경이 된 이타키,

여류시인 사포가 태어난 레스보스…

그리스라는 나라는 분명 뉴스에도 신문에도 종종 등장하건만 아틀란티스나 버뮤다 지대처럼 신화와 사실이 공존하는 양 이 둘을 분간할 수 없어 멀게만 느껴지던 곳이었다. 제우스·이카루스·오디세이는 픽션인지, 역사의 기록인지 확신있게 정의할 수 없는 그리스 신화에서 만난 인물들이었기에, 나에게 이들은 모두 실존 인물이며 동시에 허구이기도 하였다. 목이 부러지도록 꺾어도 한눈에 다 볼 수 없는 웅장한 파르테논 신전, 그리고 그 안에서 일어났다는 제우스와 헤라의 이야기는 오랫동안 검증되지 않은 채 머릿속에 얽히고설켜 있었다. 그래서 그리스로 떠나기를 주저해 왔는지 모른다. 비행기를 타고 스무 시간을 넘게 날아왔는데 실재하지 않는 상상 속의 곳일까 봐. 잘 만든 광고 열 PR 이벤트 부럽지 않다는 말이 가장 잘 들어맞는 바로 그 음료수 광고의 배경 음악 때문에 산토리니는 한국인들에게 유명해진 지 오래다. 흰 원피스

자락을 휘날리며 그보다 더 하얗게 빛나는 그리스의 건물들을 누비는 광고 속 모델의 모습에 반한 여러 신혼 부부들이 허니문으로 자주 찾는 인기 여행지가 되었다. 하지만 사실 그 광고의 대부분은 미코노스에서 촬영한 것이라는 사실을 아는 사람들은, 또 미코노스라는 섬의 존재를 아는 사람들은 얼마나 될까? 물리적인 거리보다는 그 추상적인 이미지가 더 익숙한 것으로 보아, 우리에게 아직 그리스는 멀고도 먼 곳인 것 같다.

여러 차례 유럽 대륙을 헤매며 한국의 일상이 던져주는 짐과 부담, 잡념을 떨치는 '디톡스 여행'들을 하고 나니 이제 그 공간에 여유와 자연을 채우고 싶은 마음이 들었다. 사람들의 목소리보다는 찌르레기 울음과 파도 부서지는 소리가 더 크게 들리는 곳, 숨을 들이 쉬면 온몸을 정화시켜 주는 맑은 공기가 가득한 곳, 눈치 보지 않고 현지 사람들의 친절함에 무한히 기댈 수 있는 곳, 마음 내키면 언제든지 뛰어들 수 있는 해변이 가까운 곳이 필요했다. 여행지를 정할 때 언제나 이리저리 돌려보며 고민하는 지구본 앞에서, 머릿속의 여러 생각과 편견을 몽땅 밀어 두고 나는 그리스 반도를 에워싸고 있는 수많은 작은 섬들을 짚었다. 수없이 많은 섬들을 두고 고민에 고민을 거듭하여, 각기 다른 매력의 보석 같은 여섯 개의 섬들을 골라 냈다.

그리고 이 섬들을 모두 돌아보고 마지막으로 여행한 아테네까지의 기행을, 가장 진하게 남은 그리스 섬들의 잔상인 '파랑'을 매개 삼아 기록하였다.

〰〰 2013. 맹지나 〰〰

당신도 먼 북소리를 들었는가 ♨

나 역시 그리스로 떠나는 사람들 중 절반 이상은 들었으리라 확신하는 하루키의 먼 북소리를 듣고서야 그리스 여행 채비를 꾸렸다.

"어느 날 아침 눈을 뜨고 귀를 기울여 들어 보니
어디선가 멀리서 북소리가 들려 왔다.
아득히 먼 곳에서, 아득히 먼 시간 속에서 그 북소리는 울려 왔다.
아주 가냘프게. 그리고 그 소리를 듣고 있는 동안,
나는 왠지 긴 여행을 떠나야만 할 것 같은 생각이 들었다.
이것만으로 충분하지 않은가.
먼 곳에서 북소리가 들려 온 것이다.
이제 와서 돌이켜 보면 그것이 나로 하여금
서둘러 여행을 떠나게 만든 유일한 진짜 이유처럼 생각된다."

_무라카미 하루키 『먼 북소리』, p.17

서른여덟의 하루키가 들었던 먼 곳에서 울려 온 둥둥 북소리를 나는 스물넷 봄에 들었으니 운이 매우 좋았다.

주위를 둘러보면 몸도 마음도 충전이 시급하여 휴가 생각이 일 년 내내 간절한 사람들이 정말 많다. '여행 가고 싶다'라는 생각을 하지 않는 사람들을 찾는 것이 훨씬 어려울 정도다. 그러나 그리스에서 특별하게 울려 주는 북소리를 듣는 사람들은 뉴욕이나 파리, 런던으로 떠나게 되는 사람들에 비해 상대적으로 그 수가 적을 것이다. 시간과 돈이 있으면 못 갈 곳이 어디냐는 생각을 할 수도 있겠지만, 그리스 섬 여행이란 이때까지 수많은 매체를 통해 접하며 익숙해진, 꼭 한 번 가보고 싶었던 여러 대도시들과 휴양지들을 포기하고 미지의 섬으로 떠나는 것을 의미한다. 푸른 돔을 쓴 흰 건물 외에 산토리니에 또 무엇이 있는지 전혀 알 수 없는, 無정보의 백지상태로 떠나 몸과 마음을 더 깨끗이 비워 오는 여행을 강행하는 것을 의미한다. 언제 또 울려 줄지 모르는 북소리임을 듣자마자 직감했기에, 그전까지 다음 여행지 후보로 놓고 고민하던 여러 다른 나라들과 도시들을 모두 지워 버렸다.

지금도 어느 누군가의 귀에 둥둥 울리고 있을, 멀리서 진동하며 다가오는 북소리를 처음 들었을 때의 그 설렘과 벅참으로 나는 두 번째 먼 북소리를 기다린다.

BLUE

그리스의 대문호 니코스 카잔차키스는 그의 대표작 『그리스인 조르바』에서 "죽기 전에 에게해를 여행할 행운을 누리는 사람은 복이 있는 자이다"라고 말했다. 이 엄청난 행운은 스스로 선물하지 않으면 아무리 기다려도 오지 않을 것이 분명했다. 서울의 회색 배경 위로 이리저리 너무 많이 뿌려진 색깔들을 보느라 지친 나는 스스로에게 푸르름 속에서의 휴식을 선물했다. 완연한 봄의 파릇한 옷자락 끝을 잡고, 여름이 오기 전 마지막으로 불어오는 봄바람을 타고 꿈꾸는 듯한 기분으로 그리스의 섬들을 여행했다. 그리고 유쾌한 그리스 사람들보다, 담백 깔끔하여 질리지 않던 그릭 샐러드의 맛보다 더 강렬하게 새겨진 그리스 섬 여행의 이미지는 'BLUE'였다.

블루, 사람들이 최고로 좋아하는 색으로 가장 많이 꼽힌다는 색이다. 군더더기 없는 정직한 그리스어 필체나 단조로운 그리스 국기 문양에 가장 잘 어울리는 색이다. 그리고 그리스의 블루를 메우고 있는 것은 깨끗하고 맑은 하얀색이다.

그리스의 사랑스러운 섬들은 온통 파랬다. 여행에서 돌아와 수천 장이 넘도록 찍은 사진들을 친구들에게 보여 주면 어김없이 '정말 파랗다'는 감탄이 쏟아졌다. 이아 마을의 노을도, 얼마나 덧칠했을지 모르는 이름 모를 마을의 빨간 대문도,

갓 구운 빵을 살포시 덮고 있는 노오란 타올도, 빨래 집게로 아무렇게나 집혀 있는 미코노스 골목길의 레몬빛 직물들과 잘 익은 빨간 토마토를 올린 그릭 샐러드도 모두 그 색이 강렬했지만, 그리스는 여지없이 파랗고 또 파랗다.

거친 파도를 헤치고 매일 아침 신선한 고기를 잡아 올리는 것, 올리브 오일을 짜 내며 빛깔이 잘 나왔다며 뿌듯해하는 것이 하루를 만드는 일상이자 행복인 섬 사람들의 여유와 즐거움을 담기에는 그 어떤 수식어보다도 파란색이 제격이었다.

 Contents

섬1

케팔로니아

:

Κεφαλονι

KEFALONIA
케팔로니아

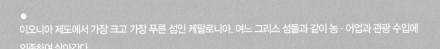

이오니아 제도에서 가장 크고 가장 푸른 섬인 케팔로니아. 여느 그리스 섬들과 같이 농·어업과 관광 수입에 의존하여 살아간다.

아테네의 왕인 에렉테우스의 딸 프로크리스와 결혼한 케팔루스는 새벽의 여신 에오스의 눈에 띄어 납치를 당한다. 하지만 케팔루스는 여신의 사랑을 거부하고, 분노한 에오스는 그를 계략에 빠뜨려 결국 케팔루스는 자신의 손으로 아내를 죽이게 되는 비극을 맞는다.

케팔로니아라는 섬의 이름은 위 그리스 신화의 주인공, 이타카(ITHACA)의 사냥꾼 케팔루스(CEPHALUS 또는 KEPHALOS)의 이름에서 가져온 것이다. 이름이 유래한 비극적인 신화처럼 실제로도 우여곡절 많은 아픈 역사를 가지고 있으나 압도적인 아름다움이 관광객들을 불러 들이기 시작하며 이제는 그 아픔을 찾아볼 수 없이 활기 가득한 그리스의 인기 있는 관광 섬으로 자리 잡았다.

위　　치	이오니아 제도
경 위 도	북위(N) 38.12°, 동경(E) 20.30°
면　　적	904km²
인　　구	40,000여 명
공　　항	케팔리니아(Kephallinia) 공항
행정구역	8개 시 1개 군
홈페이지	www.na-kefalinia.gr
중심 도시	섬 주민의 약 1/3이 거주하는 케팔로니아의 수도 아르고스톨리(Argostoli)
주요 항구	아르고스톨리 외 사미(Sami), 포로스(Poros), 바실리키(Vasiliki)

아프로디테와
푸른 산등성이를 질주하다

●　　　　　　　　자연을 갈구하며 떠나온 여행이었기 때문에, 그리스 섬들 중에서도 가장 손때가 묻지 않고 관광지화되지 않은 케팔로니아를 첫 목적지로 택했다. 아테네와 케팔로니아를 하루에도 여러 번 오가며 몇 안 되는 사람들을 실어 나르는 경비행기를 타기 위해 아테네 공항 활주로를 걸었다. 활주로를 '걸어' 보는 경험은 흔히 할 수 있는 것이 아니다. 아코디언처럼 늘어나는 좁은 접이식 통로로 입장하는 것이 아니라 비행기 본체에 한 발자국씩 가까워지니, 경비행기이기는 해도 비행기의 크기가 실로 어마어마함을 피부로 느낄 수 있어 이륙 직전의 흥분이 배가 되고, 비행기에서 내려 주는 계단을 잡고 오르는 것으로 그 흥

분은 정점을 찍는다.

하지만 길지 않은 비행 시간, 도착해서 본 끝과 끝이 한눈에 들어올 정도로 작은 케팔로니아 공항의 아담한 크기, 그리고 별다른 절차 없는 간단한 입국 검사는 발을 동동 구르게 하던 흥분을 금세 섬 마을의 소박함에 어울리는 크기로 사그라지게 하였다. 해가 몇 시쯤 지는지, 이곳의 초저녁 공기의 냄새는 어떤지, 케팔로니아에 대한 그 어떤 정보도 없는 상태로 주저하는 발걸음을 공항 밖으로 이끈다. 미지의 공간으로 발걸음을 내디딜 때 모든 여행자들을 잠식해 오는 무서움이 시동을 걸려는 찰나, 종이 상자를 찢은 것으로 보이는 판지에 굵은 유성 펜으로 내 이름을 써 들고 있는 택시 기사가 보였다.

출발 전에 인터넷으로 택시 서비스를 요청해 두긴 했지만 이제껏 무엇이든 엇갈리고 마음대로 취소되는 여행을 수없이 했기에 예약금도 없이 신청만 해 두었던 픽업을 사실 크게 기대하지 않았다. 그러나 예상을 깨고 이 기사 아저씨는 마치 오래 못 보았던 친구를 마중 나온 듯 반가이 나를 맞이하며 알아들을 수 없는 그리스어와 짧은 영어를 섞어 잘 왔다는 인사를 되풀이한다. 그리스에서 인상 깊었던 여러 가지 중 하나가 바로 이들의 환영 인사였다. 다른 어느 나라를 여행하든 으레 듣게 되는 '웰컴 투 그리스'가 아니라, 대부분의 그리스 사람들은 '땡큐 포 커밍 투 그리스'라 한다. 맞아 주는 사람과 찾아온 사람이 '제가 더 감사합니다'를 서로 여러 번 반복할 수밖에 없다.

케팔로니아에서 내가 묵을 곳은 수도 아르고스톨리(Argostoli) 어딘가에 있다는 사실만 알고 있을 뿐 빈약한 홈페이지에 걸려 있던, 사실과 얼마나 차이가 날지 모르는 사진 몇 장만을 보고 겁 없이 예약해 놓았던 '오스카네 펜션'이었다. 주소 한 줄만 들고 택시에 올라탔으나 사실 그마저도 필요가 없었다. 기사 아저씨는 주

소를 보여 주자 '아! 오스카!' 하고 외
친 후 지도 한번 보지 않고 포장도 안
된 구불거리는 길을 여러 번 꺾고 넘고
돌아 나를 내려 주었다. 도착하기 전에
오스카에게 곧 손님이 도착하니 맞을
준비를 하라는 전화도 잊지 않았다.

　푸근한 인상의 펜션 주인 가족의 안내로 2층에 위치한 널찍한 방에 도착해 짐
을 풀었다. 무사히 도착했다는 안도감과 함께, 인천에서부터 이스탄불, 아테네, 케
팔로니아 공항을 거쳐, '헬로'도 알지 못하는 토종 그리스인이 모는 택시를 마지막
으로 쉬지 않고 이동하며 쌓여 온 피로가 한꺼번에 몰려 왔다. 열 시간씩 바삐 돌
아다니는 하루보다도 여행 중에는 이렇게 이동이 많은 날이 가장 힘이 든다. 표 잃
어버릴까, 시간을 잘못 알았을까, 차를 놓칠까, 연착이 되는 걸까, 하는 걱정들을
종일 끌어안고 있기 때문이다. 아직 케팔로니아의 모든 것이 낯설어 숙소의 베개
하나, 커튼 깃 한 장 쉬이 건드리지 못하고, 나는 겨우 잠옷만 꺼내 갈아입고 노곤
한 몸을 침대에 뉘였다.

　다음 날 아침, 정확히 일곱 시에 새들의 지저귐으로 아침을 맞이했다. 이곳의 새
들은 지저귀는 것이라기보다는 짖는다는 표현이 더 어울릴 정도로, 목청에 확성
기를 달았는지 다시 잠들려 할까 하면 미친 듯이 울어 대는 통에 케팔로니아에서
나는 매일 아침 새 나라의 어린이처럼 해가 뜰 때 기상했다.

　찌뿌드드한 몸을 이리저리 돌려 가며 일으켜 스트레칭을 하고 보니 어느새 새
들은 다음 사람을 깨우러 옆집으로 건너갔는지 소리가 더 이상 들리지 않았다.
정원 쪽으로 트인 발코니 창을 열고 5월이지만 아직은 쌀쌀한 이른 아침 공기를

양껏 들이마신다. 오스카 역시 목이 아프도록 울어 대는 새들이 깨웠는지 졸음이 가득한 모습으로 아침 일찍부터 정원에 나와 있다.

"칼리메라(Kalimera)!"

오스카는 한 손으로는 말아 피우는 담배를 만지작거리고 다른 한 손으로는 정원 한가득 피어 있는 손바닥만 한 다홍색 꽃을 하나 꺾어 던져 올리며 경쾌하게 아침 인사를 건네었다. 답례로 수줍게 내뱉은 '칼리메라!', 처음 입 밖에 내어 보는 그리스어다. 정원까지 들려야 하기에 크게 외치는 것이 어색하지만 그 소리가 맑은 아침과 어울리게 참으로 명랑하다. 일주일 남짓 머무를 예정이라는 내 말에 오스카는 케팔로니아에는 전부 365개의 마을이 있다며, 최소한 1년은 여기에 있으면서 하루에 한 동네씩 보고 가야 하지 않냐는 농을 던진다.

케팔로니아 특산물이라는 참깨에 꿀을 반죽해 만든 과자로 아침 식사를 간단

히 해결하고, 오스카가 삐뚤빼뚤 그려 준 동네 약도를 받아 들어 길을 나섰다. 목적지 분명한 두 발은 씩씩하게 포장되지 않은 흙길을 걸어 코니(Connie)가 운영하는 마구간으로 향했다.

제주도에서 조랑말 몇 번 타 보고 가끔 여행지에서 말을 탈 기회가 있으면 올라타 본 것이 고작이었는데, 여행을 떠나기 직전 뜬금없이 갑작스레 승마 욕심이 나서 가기로 한 섬마다 마구간이 있는지를 알아보았다. 대부분의 그리스

케팔로니아의 아침들은 새들의 알람, 이슬에 촉촉한 꽃 한 송이,
그리고 시답지 않은 농담들과 함께 했다.
떠나 오며 바랐던 모든 것과 그에 더해 기대하지 않았던
소소한 즐거움들까지, 종합 선물 세트처럼 예쁘게
케팔로니아의 오스카레 펜션에서 내가 찾아 줄 때까지
굉장히 오래 기다리고 있었던 것 같다.

섬에는 마구간이 있었고, 비용도 한국에서 타는 것에 비하면 훨씬 경제적이었다. 망설임 없이 식대와 숙박 예산에서 승마 경비를 뭉텅 뭉텅 떼어 와, 자동적으로 군것질할 자투리 돈이 싹 사라지고 말았다.

케팔로니아에 정착한 지 13년이나 되었다는 코니는 고향인 독일에서 수의학을 공부하는 학생들이나 승마 선수들에게 숙식을 제공하고 승마 레슨을 해주는 대가로 이들에게 말을 돌보게 하여 마구간을 운영한다. 며칠 전부터 곧 있을 시합에 나가야 하는 친구들이 훈련을 시작해서 승마 레슨은 해줄 수 없다고 미안해하는 코니는 그냥 돌려보내기가 뭣했는지 마구간 구석구석을 데리고 다니며 구경을 시켜 주고 말을 다루는 자기만의 노하우 등을 알려 주었다. 단기간에 주워 담을 수 있는 잡다한 말에 관한 상식들을 두서없이 내뱉는 코니 뒤를 쫓아 다니며 나는 한 마디라도 놓칠 까 열심히 들었다. 진동하는 말똥 냄새에 코를 막으면서도, 시간 가는 줄 모르고 코니의 마구간을 구경하다 반나절을 보냈다.

그리고 이곳에서 나는 천천히 걷는 연습부터 몇 바퀴 하라며 소리 지르는 코니 아줌마에도 아랑곳하지 않고 깔깔대며 발을 굴러 신나게 말을 타던 소녀 아니스(Anis)를 만났다. 아니스는 첫날부터 내 케팔로니아 일정의 가이드를 자청해 준 아프로디테의 딸이다.

아프로디테를 만난 것은 마구간을 지나 아르고스톨리 시내로 돌아가는 다음 버스가 한참이나 지나 온다기에 차를 얻어 탄 덕분이었다. 그냥 두어 시간을 걸어 돌아갈까 했는데, 코니가 곧 아니스 엄마가 데리러 오니 함께 돌아가지 않겠느냐 한다.

"Her mother is AB! solutely crazy. You will love her."

어찌나 '앱! 솔루틀리'를 강조하던지, 얼마나 단단히 미친 여자인가 궁금해지는 바로 그때 손바닥만 한 자동차가 경사가 상당한 마구간 자갈 언덕길을 힘겹게 올라온다.

"어머 넌 누구니!"

뿔 달린 유니콘과 바다 거품에 싸여 등장하는 비너스가 아닌, 초소형 스마트카를 몰고 모래바람을 일으키며 나타난 여신 아프로디테가 케팔로니아 산등성이로 강림하셨다. 코니가 나를 제대로 소개할 틈도 주지 않고 그녀는 내 두 손을 덥석 잡으며 호들갑스럽게 인사를 건넨다.

"응, 진짜 내 이름 맞아. 다들 두 번씩은 물어보지, 본명 맞냐고."

아프로디테라는 이름에 내가 눈을 크게 뜨자 역시 되물을 틈도 주지 않고 누구를 처음 만나도 해 줘야 하는 부연 설명인 듯 눈을 굴리며 빠르게 덧붙인다. 차가 작아서 불편하겠지만 태우고 가는 데는 문제가 없다며 흔쾌히 나를 데리고 아르고스톨리로 다시 가겠다는 아프로디테는 돌아가는 길 내내 딸 아니스와 함께 앞으로 남아 있는 나의 케팔로니아 여행 일정을 거의 다 짜다시피 하였다. 남동생은 레스토랑을 하고 있고, 가장 친한 친구는 케팔로니아 사진만을 전문적으로 찍으며 투어 가이드를 겸한단다. 그녀 역시 8년 동안은 케팔로니아 가이드로 일하다가 잠시 쉬고 있다니, 완벽한 섬 토박이다.

"가이드할 자격 정도는 되지?"

역시 대답은 기다리지 않고 말을 이어 가지만 크게 고개를 끄덕이는 내 모습에 아프로디테는 흥이 난 듯 보인다. 케팔로니아가 이번 여행의 첫 번째 섬이라는 말에, 엄마와 딸은 경쟁하듯 이곳저곳 가 보아야 할 다른 섬 이름들을 대기 시작했다.

"미코노스가 최고지!"

그리스 섬들을 통틀어 가장 좋은 곳이 어디냐는 나의 질문에 아프로디테가 망설임 없이 대답한다.

"그럼 산토리니는?"
"산토리니는 세계 최고지."
"여기는 음악 학교 건물이고, 여기는 해군사관학교, 그리고 여기는 1953년 대지진에 무너지지 않은 건물들 중 가장 오래된 곳인데 두 가문이 절반씩 공동 소유하고 있어. 한쪽 가문은 자기들 반쪽을 그대로 놔두고 다른 가문은 보수 공사며 인테리어 시공을 해 버려서 지금은 이란성 쌍둥이같이 되었지 뭐야."

잡다한 승마 장비에 다 큰 처녀 두 명까지 우겨 넣은, 아프로디테가 신나

게(험하게) 몰아 대는 비좁은 차 안에서 나는 쉴 새 없이 뱉어 내는 그녀의 설명에 따라 고개를 왼쪽 오른쪽으로, 테니스 경기 구경하듯 계속해서 돌리며 아르고스톨리 거리를 구경했다. 케팔로니아 산등성이를 질주하는 그리스 여신의 멋진 가이드를 받으며 시내로 돌아와, 본격적으로 시내 구경을 시작했다.

케팔로니아 전체 인구 4만 명 중 1/4 정도가 거주하는 아르고스톨리의 주요 쇼핑 대로인 리소스트로토(Lithostroto)에는 키가 고만고만한 파스텔톤 건물들이 키 재기를 하듯 나란히 붙어 있다. 큰 건물이라고는 대로 중앙에 쌍둥이 종탑의 비호를 받으며 캄바나 광장(Kambana Square: 종의 광장)에 위치한 레오포로스 조르지오 베르고티(Leoforos Georgio Vergoti) 성당뿐이다. 1953년 대지진에 섬 전체가 엄청난 피해를 입고 거의 완전히 다시 구축되었으니 언뜻 보기에는 모든 것이 새것 같아 그 나이를 가늠할 수 없어, 아르고스톨리 시내의 반들반들 윤이 나는 모습은 여태껏 다녔던 유럽 그 어느 구석보다도 낯설고 신기했다.

대로 중앙에 위치한 종탑 내부는 카페를 겸한다. 얼른 잔을 비우고 종탑 위 구경을 가려는 사람들 덕분에 자리 회전이 빨라, 나는 찻잔들이 달그락대는 소리를 음악을 듣는 듯 감상할 수 있었다. 이내 내 잔도 바닥을 드러내어, 라푼젤이 갇혀 있을 것만 같은 비좁은 계단을 뱅그르 돌아 올라가며 대지진 전 아르고스톨리 모습을 담은 사진들을 구경했다. 맨 꼭대기까지 올라서는 손바닥만하게 난 창문 밖으로 얼굴을 빼꼼 내밀고 도시의 전경을 감상했다.

중앙 광장인 발리아누 광장(Plateia Valianou)으로 들어서면 규모는 좀 더 작아도 여느 유럽 대도시의 번화가 부럽지 않은 세련된 라운지와 클럽들이 있다. 아르고스톨리의 아기자기한 거리들을 돌아보고 광장에서 잠깐 쉬어 갈까 하여 광장을 둘러싸고 성업 중인 여러 카페와 바를 두리번거리는데, 어디서도 튀는 여신님의 모습이 눈에 띈다.

"둘째 낳고 한 번도 못 놀았어! 친구들과 다 모여서 밤새 놀 것 같은데 너도 나와!"

아기 낳고 6주 만에 클럽에 나가는 거라며, 주책 맞게 왜 그러냐는 아니스의 핀

잔에도 개의치 않아 하는 아프로디테가 나를 오스카네에 내려 주며 광란의 금요일 밤으로 초대했었지만, 혼자 다니는 여행에서는 아무래도 클럽이라든지 밤늦게까지 노는 것은 별로 구미가 당기지 않는다.

　뚜벅이 여행자도 선뜻 태워 이리저리 데리고 다니고 해가 저물면 짭쪼롬한 바다 내음이 물씬 나는 섬 시내의 클럽에서 신나게 춤을 추는, 매일같이 중학생 딸과 투덕대는 아프로디테와는 한국으로 돌아와서도 연락을 주고받고 있다. 그녀는 그리스가 신화 속에서뿐만 아니라 현실에서도 존재하는 곳임을 상기시켜 주는, 나와 케팔로니아 사이의 튼튼한 끈이다.

미르토스 해변에서의
망중한 忙中閑 : 바쁜 가운데에서도 한가로운 때

●   푹 자고 일어나 편한 잠옷 차림의 무장해제된 상태라
그런 것인지 어쩐지 잘은 모르지만, 여행지에 도착하여 어떻게든 하룻밤을 보내
고 나면 밤새 별일 없었건만 여행지에 대한 무한한 친근함이 이유없이 느껴진다.
밤을 보낸다는 것은 남녀 간에서만 큰 의미를 갖는 것이 아닌 듯하다. 여행자와
여행지도 해가 뜨고 지고, 달이 뜨고 지면 이제 '아무 사이 아니야'라고 함부로 말
할 수 없는, 그렇고 그런 사이가 되는 것이다.

케팔로니아에서도 마찬가지로, 두어 밤을 보내고 나니 이제는 익숙한 손놀림으
로 아침에 일어나 조금은 빽빽한 테라스 문을 힘을 주어 잡아 돌려 연다. 문 어디
쯤에 손잡이가 위치했는지, 얼마만큼 힘을 주어 돌려야 하는지, 크게 주의를 기울
이지 않고도 해낼 수 있을 때 '숙소'는 '집'이 된다. 찬 아침 공기를 반가이 들이며

나는 본 곳보다 못 본 곳이 훨씬 더 많은 이 섬에 수년은 살았던 것 같은 가까움을 느꼈다.

해가 뜨자마자 길을 나섰기에 그 어떤 것에도 쫓기지 않는 느긋한 산책을 즐길 수 있었다. 길치인 내가 여러 번 헤매고 막다른 골목에서 다시 뒷걸음질할 것을 모두 염두에 두고 계산을 해도 시간이 넉넉했다. 실수의 여지가 이렇게 넉넉하게 허용되는 스케줄은 참 좋다. 그리스 섬들 중 가장 개발이 덜 되었다는 케팔로니아에서는 손 닿지 않은 깨끗한 그 야생의 자연이 보존되어 있음을 볼 수 있다. 도담스럽게 피어 있는 들꽃과 작은 틈도 남기지 않고 무성하게 남은 자리를 빈틈없이 메우며 자라난 나무들이 어느새 꽤 높게 뜬 케팔로니아의 태양을 온몸으로 반사하며 빛나고 있었다.

제멋대로 뻗쳐 있는 키 큰 풀들이 꽤 억세었으나, 이리저리 젖히며 걸을 때 이들이 훅 불어 주는 풀 내음 가득한 공기는 소나무향 방향제에 비할 수 없이 상쾌하고 상큼하다. 어깨가 정수리까지 솟을 정도로 향긋함을 들이켜는 모습이, 불과 3일 전 케팔로니아 여행 정보가 부족하여 하나도 준비한 것이 없다고 조바심을 내며 발을 동동 구르던 모습과 극명하게 대비되어 웃음이 났다.

호기로운 산책을 방해한 것은 늑대만 한 개였다. 그리스에서는 강아지를 본 적이 한 번도 없다. 전부 처음부터 큰 개 크기로 태어나는 것인지 덩치들이 정말 대단하다. 어떤 개들은 조금의 과장을 보태어 늑대인지 곰인지도 분간이 안 간다. 축 처진 눈에 덥수룩한 털, 곰살궂게 생긴 외형과는 달리 눈이 마주치면 발에서부터 올라오는 듯한 깊은 그르렁거림을 들려주는 케팔로니아 개들은 홀로 아침 산책을 나온 사람에게는 그 무엇보다도 무시무시한 존재다. 이미 전날 아르고스톨리 시내에서 길가 여기저기를 점령하고 오가는 사람들에게 코끼리 상아만한 이

빨을 과시하던 개들을 보았지만 이렇게 일대일로 독대하는 영광을 누리게 될 줄이야.

덩치도 그렇고, 노려보는 카리스마를 보니 보통 무서운 개가 아님을 알 수 있었다. 놈의 사정거리에 단단히 걸려들고 만 것 같다. 주변을 아무리 둘러보아도 개 주인으로 보이는 사람은커녕 아주 가끔 쌩하고 지나치는 트럭이 몇 개 있었을 뿐 사람이라고는 한 명도 없다.

반대쪽으로 달리자니 이내 따라잡힐 것 같고, 그렇다고 무시하고 가자니 어디라도 분명 물릴 것 같았는데 누군가가 손을 크게 흔들며 내 주의를 끈다. 판자와 벽돌 더미에 가려 보이지 않던, 새벽부터 공사 현장에 나와 일하는 동네 아저씨

두 명이 절체절명의 순간에서 나를 구했다.

방향 감각도, 겁도 없는 데다 지도마저 놓고 나와 무작정 직진만 하다 아침부터 개에 물리나 싶었는데, 긴장이 탁 풀리자 여지없이 눈물이 핑 돈다. 아저씨들은 창고 어딘가에서 먼지를 잔뜩 뒤집어쓴 책 한 권을 가지고 나와 맨 뒷장에 붙어 있는 시내 지도를 부욱 찢어 가야 할 길을 표시해 주었고, 큰길까지 따라 나와 맞는 길로 가는지 오랫동안 서서 지켜봐 주었다. 이 아저씨들이 아니었다면 피투성이가 되어 오스카에게 응급 처치를 받고 종일 숙소에 틀어박혀 꼼짝 못 할 뻔했다.

그리스 사람들은 친절함으로는 아마 세계 1등일 것이다. 첫 번째 섬이었던 케팔로니아에서부터 느낀 그리스인들의 친절은 여행 내내 이어졌다. 수많은 나라의 여러 도시들을 다녀와 여자 혼자 여행하기에 가장 좋은 곳으로 그리스를 주저 없이 꼽는 이유가 바로 그리스인들의 넘치지도, 모자라지도 않는 적당한 배려심 때문이다. 길에 멈추어서 지도를 펼쳐 어디쯤 왔는지 보고 있자면 아주머니, 아저씨, 학생, 할아버지, 할머니들 모두 '저 여행객 혹 길을 잃은 것은 아닌지' 하는 표정으로 하던 일을 멈추고 쳐다보는 것을 느낄 수 있다. 곧 지도를 접고 다시 발걸음을 재촉하면 괜찮구나 싶어 다시 자기 하던 일로 돌아간다. 꼭 필요하지 않으면 먼저 말도 걸지 않고 가만히 지켜보다 도움이 필요하면 다가오는 조용하고 세심한 친절은 염도 낮은 지중해처럼 담백한, 내가 가장 좋아하는 그리스 사람들의 특징이다.

아침부터 눈물을 쏙 빼고 다시 시내로 걷다 보니 왼쪽으로 둔 바다가 선글라스 밑으로 파고들 정도로 빛을 만발

하고 있었다. 첨벙거리는 소리에 고개를 돌려보니 동네 아저씨가 무언가를 열심히 빨고 있다. 일찍부터 빨래를 하시나 싶었는데 좀 더 가까이 가서 보니 패대기치고 하는 모습이 아무래도 옷이 아닌 것 같다. 그래, 문어였다. 문어! 그리스 요리에 다양하게 사용되는 문어는 먹기 위해서는 수십 번을 저렇게 빨래 빨듯 패대기를 쳐 부드럽게 만들어야 한단다. 아직 쿨쿨 자고 있을 가족들보다 좀 더 일찍 일어나 갓 잡은 커다란 문어를 열심히 말랑말랑하게 만들러 나온 것이 분명하다. 흐뭇한 모습에 미소가 피어나니 아까 개에 놀란 마음이 조금 말랑해진다.

아르고스톨리 버스 정류장에 피스카르도(Fiskardo) 행 버스가 미끄러지듯 들어서는 것을 보고 급작스럽게 일정을 조정했다. 틈이 날 때마다 깨물어 먹고 있는 꿀깨 과자를 오도독거리며, 나선형 도로의 완만한 경사를 천천히 감아 올라가는 버스 안에서 굽이굽이 펼쳐지는 해안가 진풍경을 감상하니 케팔로니아 맨 꼭대기에 위치한 해안가 마을로 이동하는 것이 지루하지 않았다.

공교롭게도 이날은 영국의 윌리엄 왕세손과 케이트 미들턴 왕세손비의 결혼식이었다. 온 동네 사람들은 한 노천 카페의 작은 TV 앞에 모여, 2,500km는 족히 떨어진 런던의 웨스트민스터 사원에서 거행되고 있는

함께 밤을 보낸다는 것은 남녀간에서만 큰 의미를 갖는 것이 아니다.
여행자와 여행지도 해가 뜨고 지고, 달이 뜨고 지면
'그렇고 그런 사이'가 되는 것이다.

결혼식을 보고 있었다. 아무리 근처에 얼쩡대 보아도 피스카르도 사람들은 헛기침도 한 번 않고 결혼식을 넋이 나간 듯 시청하고 있었다. 댁들 오늘 장사하느냐고 한마디만 물어볼 수 있으면 좋으련만.

"케팔로니아 와인은 안 마셔 보았겠지?"

옆 식당의 한 웨이터가 오랜 정적을 깨고 말을 걸어 주었다. 감사히 백포도주 한 잔을 대접받아 그 청량함을 목 뒤로 넘기며 결혼식 구경에 동참해 볼까 했는데, 케이트 미들턴의 웨딩드레스보다도 케팔로니아 해안가에 아무렇게나 정박한 형형색색의 보트들을 구경하는 편이 아무래도 더 좋아 잔을 비우고 얼른 일어났다. 결혼식 때문인지 아니면 인구가 몇 되지 않아 원래 이렇게 조용한지, 마을 전체가 쥐 죽은 듯 고요하다. 나도 어쩐지 숨을 죽이고 살금살금 동네 구경을 해야 할 것 같아 입을 꼭 다물고 피스카르도의 골목들을 누볐다.

케팔로니아에는 섬을 속속들이 알고 있는 길눈 밝고 친절한 택시가 많아 그리 큰 불편함은 느끼지 않았지만, 섬 치고는 지형이 험한 케팔로니아를 여행하면서 가장 아쉬웠던 점이 바로 자동차를 렌트하여 수많은 봉우리를 자유자재로 넘나들지 못했다는 것이다. 케팔로니아 꼭대기에 위치한 피스카르도에서 허리춤쯤에 있는 미르토스(Myrtos)로 이동할 때도 택시 말고는 마땅한 이동 수단이 없어, 귀

"일이라는 건 낚시할 줄 모르는 사람들만 하는 것"

엽게도 피스카르도에 딱 한 대 있다는 택시를 온 마을 사람들과 함께 기다렸다. 아마 기사가 점심을 늦게 먹고 오는 모양이라며 '돌아올 때가 되었는데' 하고 결혼식이 끝나 이제 다시 목소리를 찾은 듯한 사람들이 모여들어 너도나도 심각한 표정들로 전혀 조바심도 걱정도 없는 여유로운 여행자를 챙긴다. 이런 모습들이 재미있어 택시는 아무래도 괜찮다는 생각이 든다.

15분쯤 기다렸을까, 손님 왔다고 누군가가 일러 주었는지 기사 아저씨가 허겁지겁 어딘가에서 달려왔다. 아버지가 선원이라 한국이 어딘지는 당연히 알고 있고 부산 이야기도 어릴 적부터 많이 들었다며, 오랜만에 입 밖에 내 본다는 한국의 항구 도시들 이름을 '부산, 인천, 포항, ……' 나쁘지 않은 발음으로 뽐내는 듯 읊으며 시동을 건다.

케팔로니아는 와인, 음식 말고도 그리스에서 가장 훌륭하고 아름다운 해변 중 하나로 꼽히는 미르토스 해변가로 유명하다. 물에 뛰어들면 첨벙거리는 소리보다는 다이아몬드 가루 밟는 바스락 소리가 날 것같이 눈부시게 빛나는 이 해변은 한참을 달리다 깎아지르는 절벽에서 수직으로 고개를 떨어뜨려 보면 갑자기 그 모습을 드러내는데 과연 세계 제일 가는 해변 중 하나로 꼽힐 만한 장관이다. 창문 밖으로 기린처럼 목을 늘리는 나를 룸미러로 보신 듯, 기사 아저씨는 중간중간 차를 세워 주셨다. 미르토스로 내려가기 전 고속도로 위에서 한참을 감상할 수 있도록 미터기도 멈춰 두고, 자랑스럽고 뿌듯한 표정으로 어서 가서 구경하고 사진도 찍으란다. 비행기 세 번을 갈아타고 케팔로니아를 찾아왔다는 여행객이 미르토스를 보겠다고 피스카르도에 하나밖에 없는 택시를 기다려 탔다는 것에 무척이나 감격한 것 같았다.

두꺼운 유화 물감으로 여러 번 칠한 것 같은 미르토스 바닷물은 파도가 밀려왔다 돌아갈 때 모래사장에 진하게 푸른 자욱을 남겼다. 분명 한 방울도 남기지 않고 다 가지고 돌아갈 텐데 잔상이 무척이나 짙다. 여러 겹의 옥색 치마를 촤르르 들추는 듯 유혹적이기도 하고, 곱기도 참 곱다. 넘실대는 파도 구경만으로도 기분이 개운해져, 까끌한 모래사장의 느낌도 잘 기억나지 않을 정도로 미르토스에서는 그 푸른 물 색깔만 마음에 남았다.

아르고스톨리에 돌아오니 갑자기 시가지가 어마어마하게 크고 번잡해 보인다. 서울, 아니 우리 동네 백화점 근처 거리와 비교해 보아도 한참은 작은 아르고스톨리가 피스카르도와 미르토스 해변을 보고 오니 순식간에 명동이 되어 버렸다.

맑은 물 가까이 살면 마음도 맑아지는 것일까, 고작 반나절을 함께했을 뿐인데 케팔로니아의 해안 마을과 이 섬에서 가장 예쁘다는 해변의 구석구석을 놓지 못하고 시내 시가지들이 번잡하고 부담스럽다. 365개의 마을을 1년 동안 머물며 봐야 한다는 오스카의 아침 농담이 그냥 하는 말은 아니었던 것 같다.

사파이어같이 빛나던
멜리사니 동굴

혼자 여행을 다니다 보면 자동적으로 발달하는 능력들이 몇 가지 있는데, 집채만 한 개를 보고 아무나 와서 좀 살려 달라고 창피함을 무릅쓰고 악을 쓰는 것보다도 훨씬 더 기본적인 능력으로는 '벌레 잡기'가 있다. 집에서라면 도둑이라도 든 것처럼 온 가족을 소리질러 부르며 호들갑을 떨었을 내가, 아직 잠이 덜 깨어 부스스한 머리로 '탁!' 침대 옆 협탁 위를 기어가던 벌레를 잡았다. 두루마리 휴지를 한참을 풀어 한 손에 감아 쥐어야 비로소 다가갈 용기가 나지만 어쨌든 잡았다는 것에 의의를 둔다. 스스로도 처음 보는 모습으로 케팔로니아에서의 마지막 아침을 맞았다.

　거리에는 화려했던 간밤의 흔적이 아주 조금 남아 있었다. 4월의 마지막 날 밤, 아르고스톨리의 가장 큰 (어쩌면 유일한) 클럽 베이스(Bass)에서는 밤새 파티가 열렸다. 오며가며 며칠 전부터 포스터를 붙여 놓은 것을 보기는 했지만 나는 5월 첫날을 손꼽아 기다리고 있었기에 4월 30일은 미련 없이 일찍 잠들어 보내 버리고 5월 1일을 일찍부터 시작했다.

　5월은 나에게 있어 '조바심'의 달이다. 6월이 되면 벌써 1년의 반이 지나갔다는 생각에 어쩐지 힘도 빠지고 무기력해지는데, 5월이 될 때 달력을 한 장 뜯으면서는 상반기가 다 가기 전에 좀 더 바지런히 살자는 다짐을 하게 되기 때문이다. 긍정적인 채찍질을 마구 하게 되는 달이다.

　케팔로니아에서도 노동절은 5월 1일인데, 입춘을 겸한다. 그리스 전통에 의하면 가족들이 동네 곳곳에 피어 있는 꽃을 꺾어 발코니에 걸어 두는 것으로 입춘을 축하한단다. 켜켜이 쌓인 눈을 뚫고 힘겹게 자그마한 머리를 내미는 새싹을 보고 봄이라 하는 우리와는 달리 봄을 상당히 늦게 맞이하는 감이 없지 않아 있지

만 새싹 대신 만개한 빨간 꽃을 서로 달아 준다니, 완연한 봄을 만끽할 수 있는 때가 왔을 때 '와, 봄이 왔구나!' 하며 감탄하는 그리스의 입춘도 괜찮은 것 같다.

버스 시간을 맞추어 가느라 예쁘게 활짝 핀 이름 모를 빨간 꽃들의 잔치는 길게 구경하지 못하고 등을 돌려야 했다. 오늘의 목적지는 케팔로니아 역사의 큰 부분을 차지하는 세계 제2차 대전 중 독일군과 이탈리아군의 대치 상황을 담아 낸 영화 '코렐리 대령의 만돌린'의 촬영지, 사미(Sami)다. 사미 시내보다는 그 부근에 위치한, 좁은 입구로 들이치는 한 줄기 햇빛을 온몸으로 받아 반사시키는 호수가 있다는 멜리사니 동굴(Melissani Cave)이 보고 싶었다.

멜리사니 동굴은 참 뜬금없는 곳에 있었다. 허름한 판자에 대충 페인트로 적어 놓은 표지판만 믿고 눈치로 잘 찾아가야 한다. 성수기도 아니니 쫓아갈 누군가의 꽁무니도 없다. 예상보다는 덜 헤매고 찾아낸 동굴은 통통배를 타고 둘러볼 수 있단다. 그리 크지 않아 보였는데 배를 타고 깊숙이 들어갈수록 점점 더 넓어지는 듯한 묘한 매력이 있는 곳이다.

노를 저으며 동굴에 대한 설명을 해 주는 가이드의 말에 의하면 동굴의 이름은 판(Pan)이 자신의 사랑을 받아 주지 않아 상심하여 자결한 님프의 이름에서 따온 것이라 한다. 슬픈 사랑 이야기를 '서프라이즈' 재연 배우 뺨치는 연기 실력으로 풀어 놓은 후, 가이드는 애기가 나와서 말인데 안개 낀 날씨 탓이 아니라 오늘 동굴 분위기가 무언가 더 애잔한 것 같지 않냐는 멘트를 날린다. 어지간한 상술에 잘 넘어가지 않는 내가 고개를 끄덕이고 있다.

동굴 구경을 마치고 나와 사미 시내로 돌아와 식당을 찾아왔다. 수많은 간판들 중 식당 간판들만을 매의 눈으로 쏙쏙 골라내 빠르게 스캔했다. 허기진 여행자의 추진력과 집중력은 수험생들의 그것과 비견할 수 있을 정도다.

이번 여행에서의 소기의 목표 중 하나는 유명한 그리스 음식들을 최대한 많이 먹어 보자는 것이었다. 목표 달성을 위해 기억해 둔 그리스 메뉴 이름 중 하나인 무사카(Moussaka)를 주문했다. 무사카는 양고기를 다져 감자, 가지와 베사멜 소스로 만드는 전통 그리스 요리다. 섬이니 당연히 해산물이 대표적인 요리일 것이

라 생각했는데, 케팔로니아에서는 신선한 생선을 먹기가 쉽지 않다고 한다. 피스카르도에서 보았던 정박되어 있는 수많은 크고 작은 보트들은 모두 관광용이었단 말인가? 레스토랑에서 판매하는 오징어와 새우들도 대부분은 냉

동된 것이라 하니 무사카는 탁월한 선택이었다. 간만에 뜨끈한 음식이 속에 들어차니 든든하고 힘이 난다.

자리 회전이 빠른 유럽의 다른 나라들과는 달리 그리스 사람들은 우리나라 못지않게 카페나 레스토랑에서 '죽친다'. 하나만 시켜 놓고 한참을 있어도 뭐라 하지 않는다. 애피타이저-메인-디저트 코스가 아니라 샐러드 한 접시만 주문해 식사해도 눈치 볼 필요가 없다는 점이 정말 편하다.

오래전 관광지화되어 그리스인 반 외국인 반인 미코노스·산토리니와는 무척이나 다른 그리스를 느낄 수 있었던 케팔로니아. 누군가에게 케팔로니아는 마천루도, 무선 인터넷도, 지하철도 없는, 그야말로 '아무것도 없는' 곳일 것이다. 그러나 지친 도시 속 일상을 벗어나고자 하는 수많은 이들에게 이곳은 지상 최고의 낙원일 것이다. 그중 하나였던 나에게 케팔로니아는 흠잡을 곳 하나 없는 파라다이스였다. 언젠가는 365일을 모두 보내고 갈 수 있기를 고대하며 다시 장난감 같은 자그마한 경비행기에 몸을 실었다. 아쉬움 가득한 케팔로니아의 추억은 일단 접어넣어 두고, 그다음으로 나를 맞이해 줄 섬에 대한 기대로 마음을 가득 채운다. 서울로 돌아가서도 그다음 날에 대한 기대가 이랬으면. 가보지 못한 미지의 섬이 나를 기다리고 있다는 부푼 마음과 같았으면.

사르르 물살을 가르는 소리까지 들릴 정도로 작은 보트를
조심스럽게 움직여 동굴을 살피며, 땅을 디디고 서는 것과
사뭇 다른 물 위에서의 평온함과 나른함을 느낄 수 있다.

SLEEP

오스카네 펜션
Oscar's

깔끔한 시설과 주인 가족들의 친절한 서비스로
한 번 찾았던 사람들은 케팔로니아를 다시 찾
을 때 반드시 또 오게 만드는, 펜션과 레스토랑
을 겸하는 오스카네.

Fanari Road, Argostoli 28100
+ 30 26710 23438
http://www.oskars.gr
info@oskars.gr

에노스 호텔
Aenos Hotel

아르고스톨리에 위치한 에노스는 깔끔하면서
도 너무 모던하지 않아, 유서 깊고 격식 있는
분위기로 사랑받는 인기 호텔이다. 아직 완전
히 관광지화하지 않은 케팔로니아에서도 불편
한 것 하나 없이 갖출 점을 모두 갖춘 호텔이
있음을 보여준다.

Vallianou Square, Argostoli 28100
+30 26710 28013
http://www.aenos.com
info@aenos.com

프린세스 호텔
Princess Hotel

채도 높은 노란색과 파란색으로 꾸며진 깨끗
하고 낭만적인 호텔로, 호텔 자체도 굉장히 아
름다워 결혼식장으로도 종종 사용된다고 한다.
눈부시게 빛나는 케팔로니아의 바닷물에 수영
하고 싶은 마음이 내키면 언제든지 뛰어들 수
있는 수영장도 있다.

Valianou Square, Argostoli 28100
+30 26710 25501 / 25592 (하절기)
+30 21060 84522 (동절기)
http://www.princesshotel.gr
info@princesshotel.gr

EAT

케팔로니아의 요리 중 가장 유명한 것은 바로
파이로, 어느 카페에 들러도 다양한 종류의 파
이를 찾아볼 수 있다. 가장 잘 팔리는 것은 고
기를 다져 넣은 미트파이이며 전통적인 방법으
로 만드는 케팔로니아 미트파이는 양고기 · 소
고기 · 돼지고기를 모두 사용한다고 한다. 파이
껍질은 서울에서 먹어 볼 수 있는 일반 파이 껍
질과 다를 바 없고, 미트파이 말고도 도미 · 문
어 · 아티초크 · 리크 파이 등 건강한 재료를 넣
어 구워 낸 파이 종류들이 있다.

벨 타워 카페
Bell Tower Cafe

아르고스톨리 시내의 훌륭한 경관을 감상하고
케팔로니아를 대표하는 파이를 한 접시 주문해
먹어 보기에 안성맞춤인 곳.

Kampanas Square, Argostoli 28100

타시아
Tassia

톰 행크스, 스필버그 감독 등 피스카르도의 조용하면서도 아름다운 모습을 감상하기 위해 찾은 할리우드의 셀레브리티들을 대접하기도 했던, 피스카르도에서 가장 역사가 깊은 타베르나이다. 주인이자 셰프인 타시아는 요리책도 출간한 그리스 음식의 대가이다. 성수기에는 종종 쿠킹 클라스도 운영한다고 한다. 성수기에는 예약을 해야 할 정도로 인기가 좋다. 케팔로니아 미트파이와 랍스터 파스타가 대표 메뉴.

Apolitos Wharf, Fiskardo 28084
+30 26740 41205

바소스
Vasso's

피스카르도 해안가에서 바다를 향하고 있는 테이블에 앉으면 동네에서 가장 좋은 경치를 감상하며 식사를 할 수 있다. 음식의 맛보다는 경치 값이라는 평도 있지만 가격대가 약간 높다는 것 외에는 불평할 점이 없을 정도로 맛있는 음식과 음식이 코로 들어가는지 입으로 들어가는지 알 수 없을 정도로 훌륭한 배경에 모두가 만족하는 식당이다.

Fiskardo 28084
+30 26740 41276

아르고스톨리 고고학 박물관
Argostoli Archaeological Museum

선사시대부터 로마시대까지의 유물들과 방대한 미케네 문명(Mycenaean)의 유물들을 전시한다. 본래의 박물관 건물은 1953년 대지진에 소멸되었고 1960년대 다시 지은 건물을 지금까지 사용한다. 케팔로니아와 그 주변의 작은 섬들에서 발굴된 다양한 미술품, 공예품, 장식물 등도 전시하고 있다.

G. Vergoti Street, Argostoli 28100
+30 26710 28300

코니의 바바리안 마구간
Bavarian Riding Stables

유쾌한 코니 아주머니가 운영하는 아담한 마구간. 단 언제나 바쁘니 승마가 가능한지 홈페이지나 전화로 미리 연락을 해보도록 한다.

Koulourata, Sami 28080
+ 30 977 533203
http://www.kefaloniathewaytogo.com

피스카르도
Fiskardo

365개의 마을 중 1953년의 지진을 비껴 간 몇 안 되는 곳 중 하나이다. 수도 아르고스톨리와는 40km 정도 떨어져 있고, 배를 타고 조금만 이동하면 오디세우스가 태어났다는 이타카(Ithaca)에도 가볼 수 있다. 관광객들을 위한 타베르나나 상점들은 대부분 해안가에 모여 있고, 그 뒤로는 조용한 주거 지역이다.

피스카르도 다이버스
Fiskardo Divers

성수기인 한여름에는 보트를 대여하거나 스노클링과 다이빙을 할 수 있으니 여름 레저에 관심이 있다면 꼭 확인해 볼 것! 예약하지 않아도 도착하면 해안가에 장비나 프로그램 운영을 하는 여러 에이전시들이 즐비하니 꼭 미리 준비하고 가지 않아도 된다.
http://www.fiskardo-divers.com

멜리사니 동굴
Melissani Cave

동굴 안에 숲으로 둘러싸인 호수가 있어 금방이라도 요정들이 노래를 부르며 날아다닐 듯한 환상적인 분위기가 특징적인, 케팔로니아를 대표하는 자연 경관지이다. 실제로 동굴 안에 있는 이 호수는 님프 멜리산티(Melissanthi)의 이름을 붙인 것이며 멜리사니 동굴의 별칭 또한 '님프의 동굴(Cave of the Nymphs)'라 한다. 동굴 중앙 위가 좁게 구멍이 나 뚫려 있어 날씨가 맑으면 청색 물길에 반짝이며 반사되는 햇살이 장관이다.

미르토스 해변
Myrtos

그리스뿐 아니라 세계에서 가장 훌륭하고 아름다운 해변으로 꼽히는 해변이다. 미르토스를 모르고 케팔로니아를 찾았더라도 이동하다 눈에 들어올 수밖에 없는 눈이 시릴 정도로 파랗고 깨끗한 미르토스의 장관에 발이 묶일 것이다. 케팔로니아 북서쪽에 위치한 필라로스(Pylaros) 지역에 위치하고 있으며 연중 관광객들이 많이 찾는 성수기에는 아기아 에피미아(Agia Efimia)에서 미르토스 왕복 셔틀버스를 운행한다. 아기아 에피미아와 연결된 도시들은 많이 있으니 숙소에서 시간표를 문의하여 이곳을 경유하여 찾아가거나 콜택시 서비스를 요청하여 가는 방법도 있다.

코렐리 대령의 만돌린 촬영지
Captain Corelli's Mandolin

〈코렐리 대령의 만돌린〉은 케팔로니아의 사미(Sami)와 아르고스톨리에서 대부분의 촬영을 하여, 영화를 감명 깊게 본 사람들은 아르고스톨리에 여장을 풀고 꼭 사미에 다녀온다. 아르고스톨리에 비해 좀 더 한적하고 여유로운 해변가 마을의 분위기가 좋다. 길이 험난하지 않고 자연 환경이 아름다워 수도에서 사미까지 걸어가는 길도 즐겁다.

TRANSPORTATION

주변 다른 섬으로 이동하는 페리
Ferry

케팔로니아를 오가는 모든 페리 회사들의 시간표를 통합해 두어 한번에 확인할 수 있고 이탈리아까지 가는 보트나 당일치기 근교 여행 상품도 마련되어 있다.
http://www.kefalonia-information.com/ferries

버스
Bus

넓은 케팔로니아 섬에 골고루 분포한 대표적인 마을들을 잇는 버스들이 움직이는 시간표는 다음 링크에 안내. 대부분의 마을들이 연결되어 있지만 아르고스톨리-라시를 제외한 노선은 대부분 하루 두세 번의 버스만 운영하고 있으니 주의해야 한다.

http://www.allkefalonia.com/ou-buses.html

자동차
Car

면허 소지자라면 국제 면허증을 발급받아 자동차를 렌트하여 여행하는 것을 추천한다. 넓은 케팔로니아에서 절대 일어날 수 없는 일이 바로 주차 걱정이니 자유롭게 어디든 살펴볼 수 있고 불안한 버스 시간표에 신경쓰지 않아도 된다.

http://www.cbr-rentacar.com

섬 2

미코노스

⋮

Μύκονος

MYKONOS
미코노스

에게해의 220개 섬으로 이루어진 키클라데스 제도. 이를 대표하는 섬 중 하나인 미코노스. 세계 그 어느 나라보다도 미코노스에 대한 한국 사람들의 로망은 남다르다고 자신 있게 말할 수 있는 것은 '라라라라라라라라라라~' 바로 5천만 국민이 모두 한 번쯤은 흥얼거려 본 음료 광고의 배경 음악 때문이다. 많은 사람들이 이 광고를 산토리니에서 찍은 것으로 알고 있지만 사실 광고에 나오는 풍경 중 90%는 미코노스에서 촬영하였다고 한다. 파라다이스 같았던 TV 속 미코노스를 만나야 했기에 나는 케팔로니아에 남는 미련은 돌돌 말아 캐리어에 집어 넣고 지체 없이 미코노스로 떠나올 수 있었다.

미코노스는 그리스 신화에서 제우스를 위시한 올림포스 신들과 거인족 기간테스의 싸움이 벌어진 곳으로도 알려져 있다. 신들의 지배자 위치를 차지하기 위한 치열한 전투는 헤라클레스의 도움으로 올림포스 신들의 승리로 끝이 났다고 한다. 거인족들을 향해 헤라클레스가 던진 큰 바위가 바로 미코노스라고 한다.

위　　치	에게해, 키클라데스 제도 남부
경 위 도	37°27′N 25°20′E
면　　적	85.5km²
인　　구	10,134(2011)
공　　항	케팔리니아(Kephallinia) 공항
홈페이지	http://www.mykonos.gr
중심 도시	코라(Chora)
주요 항구	신 항구와 구 항구

블루 스타 페리

Blue Star Ferry

무라카미 하루키가 그리스 섬에 머물던 1년 남짓한 시간을 담아 낸, 개인적으로 최고의 여행 에세이 중 하나로 꼽는 '먼 북소리'의 배경인 미코노스로 가려면 케팔로니아에서 경비행기로 아테네로 이동하였다가 다시 아테네의 피레우스(Pireaus) 항구에서 블루 스타 페리(Blue Star Ferry)를 타야 한다. 공항과 항구를 여러 번 오가야 했으나 귀찮거나 번거롭지 않았던 것은 미코노스가 이번 여행에서 가장 기대가 컸던 섬이었기 때문이다.

무언가 엄청난 것이 기다리고 있을 거라는 확신에 가까운 기대를 갖게 되면 으레 그렇듯, 그곳에 도달하기까지의 꽤 길었던 시간이 쏜살같이 지나갔다.

그리스 내륙과 여러 섬 사이를 바삐 오가는 수많은 배들을 관리하는 대규모 선박 회사들로는 미노안 라인스(Minoan Lines), 수퍼 젯(Super Jet), 그리고 내가 아테네에서 탈 블루 스타 페리가 있다. 그나마 날씨와 같은 변수에 가장 영향을 덜 받을 것 같아 일부러 자동차도 여러 대 실어 나르는 큰 선박을 선택했는데, 출항 시간이 다 되어서야 항구에 도착할 줄은 미처 몰랐다. 좀처럼 다른 나라의 문화나 그곳 생활 방식에 놀라지 않고 그대로 받아들이는 편이라 생각했는데, 소위 '그리스 타임 (GMT, Greece Maybe Time)'이라 말하는 이들의 애매모호한 시간 개념은 내게 달갑지 않은 첫 문화 충격을 안겼다.

그리스 타임은 '빨리빨리'를 외치는 한국 사람들이 가장 견디기 힘들어 할 그리스인들만의 시간 개념이다. 10시 반에 약속을 잡았다면 열 시에서 열한 시 사이에 나타나는 것은 아무렇지 않은 것이며, 네 시가 넘어 나타난다 하더라도 '살짝 늦었네'하는 반응이 전부일 뿐, 길길이 날뛰며 도대체 어떻게 된 거냐, 걱정했지 않냐는 푸념을 들을 만한 일이 아니다. 그리스인들은 해가 뜨면 아침이구나, 좀 더 더워지면 낮이구나, 해가 저물면 밤이구나, 하는 식으로 하루를 삼등분 하여 여유롭게 살아간다. 그렇다고 레스토랑 영업 시간이나 비행기, 기차 등의 출발 시간도 주인 마음대로 바뀌거나 하지는 않지만 작은 섬에서 마을 버스를 타야 한다면 책 한 권쯤은 들고 앉아서 다 읽을 때쯤 버스가 올 수 있다는 것은 염두에 두어야 할 것이다.

10분 늦을 바엔 차라리 두 시간 더 일찍 와서 기다리는 성격인 나는 티켓에 선명하게 찍혀 있는 블루 스타 페리 출발 시간보다 한 시간이나 먼저 항구에 도착하여 기다리고 있다가 GMT에 된통 당했다. 출발 15분 전, 10분 전이 되어도 배가 보이지 않자 손바닥 반만 한 작은 표에 새겨진 날짜, 항구 이름, 선박 명 등을 뚫어

져라 살펴보고 또 살펴보며 무엇인가 잘못 된 것은 아닌지 겁이 덜컥 났다.

주변의 다른 탑승객들도 각자의 휴대폰이며 손목시계를 여러 번 들여다본다. 그리스 타임을 처음 겪는 우리의 속을 까맣게 태운 다음에야,

배는 출항 시간 10분 전 무슨 일이 있었냐는 듯 유유히 정박했다. 막상 출발하자 언제 늑장을 부렸냐는 듯 신나게 나아간다. 통통배를 타거나 하면 뱃멀미를 심하게 하는데 워낙 덩치가 크고 또 빨리 달려 그런지 다행히 별탈이 없었다. 예닐곱 살 때쯤 한강 유람선을 탔을 때 이후로 갑판으로 나와 신나게 바람을 맞은 기억이 없다. 참 오랜만이다. 휴양지에서 제트스키를 탔던 적은 몇 번 있어도, 앞으로 나아가는 것은 오로지 열심히 물을 자치는 배에 맡기고 나는 그저 넋을 놓고 끝없는 지평선과 하늘을 번갈아 바라보는 것 말고는 책임이 없다. 누구랑 같이 왔다 하더라도 배가 바닷물을 치고 나가는 소리가 너무 커서 어차피 아무 대화도 할 수 없었을 것이고, 자리에 앉아 있어도 이쪽저쪽 움직이는 선체 때문에 엽서도 쓸 수 없으니 미코노스로 가기 전에 잠시 들르는 낙소스(Naxos)가 가까워지는 것을 맘 편히 감상하는 것 외에는 할 일이 없다.

용기 있게 (혹은 무모하게) 가방을 자리에 두고 갑판에 나올 수 있었음은 그리스 타임과는 정반대로 추켜세워야 할 그리스의 국민성 덕분이었다. 그리스가 다른 유럽 국가들과 가장 다른 점이 바로 도둑 맞을 일이 거의 없다는 것이다. 국민 정서상 그리스 사람들은 살인만큼이나 도둑질을 혐오한다. 그래서 그런 것인지 거

의 한 달 동안 그리스 섬들을 여행하며 단 한 번도 다른 유럽 도시들을 여행할 때처럼 어깨가 단단히 뭉치도록 가방 끈을 꼭 부여 잡고 다닐 필요가 없었다. 물론 아테네나 산토리니처럼 관광객들이 많이 몰리는 곳들은 섬들과 아주 같다고 할 수는 없지만 그래도 이탈리아 남부에서 승모근 운동을 하는 것마냥 힘을 잔뜩 주고 다녔던 것에 비하면 훨씬 안전했다. 여행 중반쯤 들어서서는 혼자 카페에서 커피 마시다가 가방을 열린 채 두고 화장실을 다녀올 정도로 간이 배 밖으로 나오는 초유의 사태가 벌어지기는 했지만, 마지막까지 소매치기 때문에 골치 썩는 일은 없었다.

배가 섬에 가까워지며 점점 더 크게 다가오는 그 모습에 흥분은 고조되고, 무대의 막을 올리듯 발을 디딜 갑판이 철컹거리며 도르래를 타고 천천히 모습을 드러내니 미코노스라는, 그리스 섬 여행의 제2장이 시작된다.

미코노스의 구 항구(미코노스에는 구·신 항구 두 곳이 있다)에 도착하여 마중 나온 숙소 주인을 만났다. 오스카네 펜션 방 반절 남짓한 크기에 취사도구도 없지만 미코노스의 숙소가 훨씬 더 마음에 든다. 파란색으로만 예쁘게 꾸며 놓은 방에 들어서는데 마치 수족관 한가운데 서 있는 것만 같아 나도 모르게 감탄사를 연발하니 주인 아저씨의 얼굴에는 뿌듯함이 피어 오른다. 펜션 바로 위 언덕에 위치한 미코노스의 유명한 풍차를 보러 나가면서도 계속 뒤를 돌아보며 사진을 찍게 만드는 예쁜 숙소였다.

미코노스의 풍차는 뚱뚱한 원통 위에 나뭇가지로 성근 지붕을 얹은 간단한 모습을 하고 있는데, 섬 전역에 열여섯 개의 풍차가 있고 대부분은 실제로 밀과 보리를 빻는 일을 하다가 현재 몇 개는 박물관으로 쓰이고, 숙소 앞 항구 쪽의 것들은 미코노스 기념 사진의 배경 역할을 한다. 풍차 말고도 미코노스를 특징지을

수 있는 특이한 건축물들이 고개를 어느 쪽으로 돌려도 눈에 들어온다. 미코노스가 속한 키클라데스 제도의(Cycladic) 건축 양식은 모서리가 둥근 네모 반듯한 정육면체의 낮고 흰 건물들을 기본으로 한다. 관련 규정이 어떻게 되는지 모르지만 아마 '눈부시게 하얀' 건물 외관을 유지해야 한다는 법이 있음이 틀림없다. 발코니나 창틀에만 다른 색을 칠하여, 흰 도화지에 형형색색 물감을 뿌려 놓은 골목들의 청량함을 맞이하는 순간, 본격적으로 미코노스의 파란 세상으로 뛰어들었음을 알 수 있다.

숙소가 위치한 풍차 언덕에서 바로 보이는 곳은 미코노스에서 가장 힙한 동네 리틀 베니스(Little Venice)이다. 공식 명칭은 알레프칸드라(Alefkandra)이지만 현

지 사람들도 리틀 베니스라 부르고 있고 표지판에도 모두 리틀 베니스라 쓰여 있
다. 이탈리아 베네치아에서 숨이 멎을 것 같은 그 화려한 매력에 온갖 미사여구를
동원하여 찬사를 쏟아냈던 나이지만 간사하게도 미코노스의 리틀 베니스가 그
'리틀'이 무색하게도 더 예쁘다 외치고 있었다. 원래는 빨래터였다는데, 지금은 아
침에 가장 먼저 문을 열고 밤에 가장 늦게 문을 닫는, 섬에서 가장 인기 있는 바
와 레스토랑들로 가득한 바쁜 동네이다. 그리고 나는 리틀 베니스에서도 가장 바
쁜 바를 찾았다.

이렇게 장사가 잘되는 곳들은, 아무리 바가지를 씌워도 목이 좋아서 투어리스트들이 꼼짝없이 올 수밖에 없는 게 아니라면 우선 맛은 어느 정도 보장이 된다. 하지만 사람이 많은 만큼 자리를 안내받고 메뉴판을 받고 다시 주문을 받으러 종업원이 올 때까지 걸리는 시간이 만만치 않음을 각오해야 한다. 가진 건 시간밖에 없는 이 여행자는 모든 것이 느긋하다.

'뭘 먹어야 잘 먹었다고 소문이 날까…'

많은 사람들이 메뉴를 펼치며 열에 네다섯 번은 해보는 말이다. 새로 산 옷보다, 어제 사귀게 된 남자친구보다, 승진보다, 취직보다 더 신이 나서 하게 되는 자랑, 그리고 질투 많은 사람들도 꼬이지 않고 맞장구 치게 되는 자랑이 바로 '맛있는 것 먹었다'는 자랑이다.

오렌지 빛깔의 음료를 시켜 놓고 왼쪽으로는 바람에 움직일 듯 말 듯 움찔거리는 풍차들을, 오른쪽으로는 물결치듯 굽어지는, 아직 탐험해 보지 않은 미지의 미코노스 골목들을 두고 천천히 바닷속에 몸을 담그는 산만 한 해를 감상하였다. 노을색과 칵테일이 꼭 같다, 라든지 옆 자리 저 사람의 칵테일은 무슨 맛이 날까, 내 것보다 더 맛있을까, 하는 실 없는 생각에 온 저녁을 할애할 수 있음에 감사해한다. 잔은 반 이상 남았지만 더 이상 마실 수 없을 정도로 배가 불러, 아쉬움에 종이 우산만 데리고 바를 나섰다.

코라(Chora)는 미코노스의 중심부, 번화가로, 많은 바와 레스토랑, 클럽이 운집해 있다. 리틀 베니스의 좁은 골목들을 꺾고 돌고 다시 꺾어 코라 시내로 들어서자 갑자기 복잡해진 길에 당황하여 지도를 펼쳤다. 그리고는 '허어억!' 하고 숨을

들이 마시는 소리가 저 맞은편 기념품 가게 아저씨에게까지도 들리도록 크게 놀

랐다. 미코노스의 상징인 펠리컨 '페트로스(Petros)'가 내 오른쪽 다리에 부비적

대고 있었다. 페트로스 사진을 마구 찍어 대던 카메라들의 플래시 소리에 고개를

들었다가 허리까지 오는 큰 펠리컨이 바로 옆에 서 있는 걸 보고 소스라치게 놀란

것이다. 경기할 정도로 놀랐던 새가슴을 진정시키고, 본의 아니게 주변 관광객들

에게 큰 웃음을 선사하게 만들어 준 페트로스에게 다시 정식으로 인사를 건넸다.

사실 오리지널 페트로스는 50년대 어느 날 폭풍우에 미코노스 섬으로 밀려

와 섬의 마스코트로서 호강하다 1985년 불행히 교통사고로 죽었다고 한다. 사체

는 박제되어 박물관에 전시되어 있고, 현재 미코노스 곳곳을 누비는 펠리컨들은

페트로스를 그리워하는 사람들을 위해 새로 갖다 놓은 다른 펠리컨들로, 모두 세

마리이며 이름은 각각 이리니(Irini), 니콜라스(Nikolas), 페르토스 주니어(Petros Junior)라 한다. 하지만 사람들은 이 세 마리의 펠리컨들을 다들 그냥 '페트로스'라 통칭한다.

셋 중 하나는 재클린 케네디(Jacqueline Kennedy)가 선물로 놓아두고 간 것이라 하는데 셋 다 눈부시게 하얀, 살짝 살굿빛이 감도는 실크같이 고운 털에 한 마디도 하지 않고 눈을 내리 깔고 도도히 있으니 누가 누군지 구분이 되지 않아 어떤 것이 재키가 두고 간 것인지는 알 수가 없다. 작은 이름표라도 만들어 달아 주면 좋으련만. 페트로스가 죽고 세 마리의 후예들이 그를 대신하고 있다는 사실을 한국에 돌아와서 알았기에, 미코노스에서 머무는 동안 내내 나는 어떻게 이렇게 게으르게 한 자리에서 꼼짝 않고 있는 녀석이 동에 번쩍 서에 번쩍 하는 것일까

하고 무척이나 의아해했었다.

미코노스를 인터넷에 검색하면 등대와 리틀 베니스 앞에서 바라보는 해안가 사진이 압도적으로 많이 나오는데, 사실 이 섬의 진짜 매력은 미로 같은 골목들이다. 헨젤과 그레텔처럼 과자 부스러기라도 흘리며 다니지 않으면 방금 지나친 골목을 다시 찾아가는 것이 어려울 정도로 꼬이고 또 꼬였다.

어찌 찾아가는지 설명할 길은 없지만 강남역 일대보다도 작은 코라를 어떤 방향으로 헤매어도 녹아 내리는 소프트 아이스크림처럼 생긴 외관으로 유명한 미코노스의 대표적 건축물 파라포르티아니 교회(Paraportiani)를 이내 찾을 수 있을 것이다. 파라포르티아니를 위시하여, 미코노스에는 교회 건물들이 많다. 각각의 외관이 개성 있어 구경할 맛이 난다. 하얗다는 점 빼고는 모두 다르지만 모양보

다는 색깔이 더 강렬해서 그런지 돌아서면 전부 하얀 덩어리로만 기억된다. 교회
뿐 아니라 모든 곳이 새하얗다. 그리스는 전통적으로 자식들이 결혼하면 아들이
아니라 딸에게 집을 하나 지어 준다고 하는데, 자주 볼 수 있었던 미코노스 아저
씨들이 페인트를 꼼꼼히 바르는 모습이 어쩐지 굉장히 자상해 보인다 싶었더니,
부정(父情)이었구나.

천천히 수면 아래로 하강하던 태양이 마침내 바다에 키스하면, 하얀 건물들을
반사판 삼아 사파이어처럼 빛나던 미코노스의 블루가 사라진다. 완전히 어두워
지자 얌전하던 카페들과 레스토랑들이 음악 소리를 크게 높인다. 무지개 색 피아
노 건반 간판을 보고 찾아간 피아노 바(Piano Bar)는 1983년부터 영업해 온 시끌
시끌한 라이브 재즈바이다. 2초에 한 번씩 세계 최강의 친화력을 자랑하는 다른

손님들과 인사를 나누고 하이파이브를 올려 붙이며 손등에 이메일이나 페이스북 주소를 적어 줘야 하는 만남의 장소이다.

"방금 내렸는데 다시 또 저기 올라야 한다니 믿을 수가 없어……."
"어디서 왔어?"
"저기 보이는 저 크루즈 배!"

발코니에서 바로 보이는 구 항구에 잠시 닻을 내린 크루즈 선박을 가리키며 옆 테이블 여자 셋이 아쉬움을 표한다. 미코노스에 아침 일찍 도착하여 하루 종일 구경을 하고 다시 배에 올라타 다음 섬으로 가야 한다는 이들은 벌써 그리스 섬 여러 개를 다 돌고 여행의 막바지를 달리고 있다며, 이렇게 모든 곳들이 다 예쁠 줄 알았다면 훨씬 더 일정을 오래 잡았을 거라 투정을 한다. 알고 보니 한 명이 곧 결혼을 할 예정이라, 친구들끼리 결혼 전 마지막 여행을 떠나온 것이다. 가장 친한 중학교 동창과 스물 다섯이 되기 전에 꼭 둘이 스페인 이비자 여행을 가보자 약속해 놓고 해마다 '우리 벌써 스물이야', '우리 이제 스물 셋이야', '올해가 마지막이야' 하며 결국은 지키지 못한 것이 낯선 여행객들과의 대화 중 문득 떠올랐다. 서른 다섯으로 기한을 늘려보면 갈 수 있으려나 우리?

천천히 수면 아래로 하강하던 태양이
마침내 바다에 키스하면,
하얀 건물들을 반사판 삼아 사파이어처럼 빛나던
미코노스의 블루가 사라진다.

Into the
Blue

이게 다 『그리스인 조르바』 때문이다. 그리스의 셰익스피어 니코스 카잔차키스(Nikos Kazantzakis)를 대표하는 명작인 『그리스인 조르바』는 많이 배우지는 못했지만 그 누구보다 삶을 열심히, 가슴을 따라 자유로이 살아가는 조르바라는 인물의 일대기를 그린 소설로, 그리스 여행을 오는 많은 사람들은 주인공 조르바의 야성적이고 거친 성격 때문에 그리스 사람들을 조르바처럼 하루 종일 고주망태가 되어 있는, 거리낄 것 없는 성격의 주정뱅이 정도로 알고 온다. 영화가 책보다 훨씬 못하다는 주의지만 안소니 퀸의 열연 덕분에 『그리스인 조르바』의 영화 버전을 심심할 때 종종 찾아보게 되는데, 덕분에 나 역시 '그리

스인' 하면 떠오르는 이미지는 술 냄새가 팡팡 풍기는 한량이었다. 하지만 미코노
스에서 첫 아침을 맞이하며 '나도 이제 조르바를 볼 수 있을까' 하는 기대는 와르
르 무너졌다. 그리고 나는 그리스 여행을 마치기 전까지 조르바를 단 한 명도 만
나지 못하였다.

아침잠이 원래 없어서 아무리 피곤해도 일찍 일어나는 체질이라, 전날 늦게까

지 미코노스 항구를 배회하다 들어왔지만 다음 날 오전 여섯 시에 이미 나는 펜션을 나서고 있었다. 미코노스를 가장 많이 느끼기엔 아침 산책이 최고다. 관광객들이 모두 어제의 피곤을 이기지 못하고 이불 속에서 꿈나라 여행 중일 때, 미코노스 사람들은 일찍부터 영업 개시 준비를 한다. 벌써 빗자루질을 다 끝내고 들여놓았던 의자들과 테이블 세팅을 마치는 식당들과 카페들이 여럿이다. 분명 어제 숙소에 들어갈 때까지 손님 맞이 하는 것을 보았는데, 같은 사람이 새벽부터 나와 또 다른 바쁜 하루를 준비하고 있다. 넉넉잡아 계산하여도 네 시간 자고 나온 것인데, 유럽에서 가장 게으르다는 누명이 참으로 억울할 것 같다. 허리띠 졸라매는 바쁜 21세기의 그리스에, 조르바는 없었다.

라이키(Laiki)라 부르는 아침 생선 시장은 미코노스 항에서 가장 움푹 패인 곳에서 열린다. 시장이라 부르기 민망할 정도로 동네 아저씨들이 몇 나와서 갓 잡은 여러 종의 생선과 오징어 등을 동네 사람들과 호기심 많은 여행객들에게 파는 곳이다. 생선들이 온몸에 묻혀 묻고 온 바다 내음에 식욕이 돋아 아침을 푸짐하게 시켰다. 그리고는 해안가의 한 타베르나에서 아침 식사를 하며 무심코 바라보던 미코노스 지도에서 눈에 들어온 아노 메라에 가보기로 했다. 케팔로니아에서의 조용한 자연의 매력에 생각보다 너무 깊게 빠진 것인지, 번화한 미코노스 시내를 벗어나고 싶었다. '막판에 일정 바꾸기', 혼자 하는 여행의 작은 특권이다.

작고 조용한 아노 메라(Ano Mera)는 미코노스라 상상하지 못할 모습을 하고 있었다. 사실 오솔길을 따라 한참 가면 나오는 수도원까지 걸어갈까 했는데 내리쬐는 땡볕이 만만치 않아 작은 아노 메라 시내를 구경하는 것으로 만족하기로 했다. 그리 볼거리가 많은 곳은 아니지만 한적한 분위기와 자연 속 드문드문 서 있는 별장들과 게스트하우스들을 구경하는 재미가 나쁘지 않다.

바쁜 코라에서 도망쳐 왔음직한 비슷한 처지의 여행객들은 허름하게 지은, 새똥으로 뒤덮인 변변치 않은 버스 정류장 앞에서 한참을 기다렸다. 코라로 돌아가는 버스가 언제 올지 모른다는 한 아노 메라 사람의 말에 좀 더 놀다 가기로 마음먹고 근처 카페로 이리저리 흩어졌다. 아노 메라의 한 카페에서 나는 그리스에서의 첫 엽서를 썼다.

그리고 첫 번째 그릭 커피를 마셨다. 그릭 커피(Greek coffee)는 일반 커피에 비해 커피 콩의 그라인딩(grinding)이 다른데, 커피를 굵게 갈아 이를 앙 물고 가라앉은 커피 가루가 목을 타고 넘어오지 않도록 밀어내며 마셔야 하는 노하우가 필요하다. 커피 맛은 그저 그랬지만 함께 시킨 수블라키(souvlaki, 그리스식 꼬치 구

이로, 양고기, 돼지고기, 소고기, 닭고기 등을 깍둑 썰어 여러 가지 야채와 함께 꼬치에 끼워 구워 먹는다)가 맛이 있었다. 많은 양념을 첨가하지 않은 담백한 지중해식 요리에는 이제 적응이 된 상태였다. 숯불에 바싹 구워 내는 꼬치에 상큼 새콤한 막 딴 레몬을 꾹 쥐어 즙을 내어 뿌려 먹으면 아노 메라에 만연한 녹음의 향과 참 잘 어울리는 고소한 그을린 고기 맛이 훅- 입안에 퍼진다.

아노 메라에서 코라로 돌아가는 버스 안에서 바라보는 손 닿지 않은 미코노스의 자연을 감상했다. 유치원 입학하며 초등학교 졸업할 때까지 동식물 도감이 꽤 오랫동안 책장 맨 위에 꽂혀 있던 것이 기억 나는데 그 안에 소개되었던 수천 가지의 꽃 이름들은 왜 기억 나지 않는지, 길에 수없이 피어 있던 노랗고 빨간 꽃들의 이름이 궁금하여 부족한 기억력을 원망해 본다.

아테네에서도 산토리니에서도 미코노스만큼의 쇼핑을 즐길 수 없었다. 미코노스에는 헤라클레스가 무찌른 거인들의 시체가 쌓여 만들어진 섬이며 아폴로의 손자 미코노스가 이 섬의 첫 주인으로 자신의 이름을 붙였다는 설이 있는데, 그래서 그런지 그리스 신화에 매료된 사람들이 혹할 만한 기념품들이 정말 많다. 유럽의 젯세터들이 여름마다 찾는 여행지답게 한국에서는 구매 대행 서비스를 이용하지 않고는 절대 찾아볼 수 없는 브랜드들의 신상품들이 진열된 떡 벌어질 규모의 모던한 셀렉트 샵들도 많다.

시내가 그리 크지 않지만 단 한 군데도 그냥 지나치지 못하고 모든 상점들에 들어가게 되니 아이 쇼핑만 하는 데에도 시간이 꽤 걸린다. 아침 일찍 아노 메라에

다녀와 해가 질 때까지 종일 돌아다녔으니 방금 전 왔던 골목을 여러 번 지나칠 수밖에 없었다. '아까 우리 만났지!' 하며 반가워해주는 액세서리 가게에서 파란 조개 모양의 귀걸이 한 쌍을 샀다. 새끼 손톱보다도 작지만 한국에 돌아와 낄 때마다 아직도 미코노스의 해안가가 눈앞에 펼쳐지는 마법의 귀걸이다. 파리의 에펠탑 열쇠고리나 런던의 빨간 버스 냉장고 자석처럼, 이런 식상한 기념품들은 시공간적인 제약을 초월하여 다시 '그때 그곳'으로 나를 데려다 주기에 사 들고 오게 된다.

실용성이 없어 사지는 못했지만 사실 가장 가지고 싶었던 것은 여러 가게들의 벽을 모두 메우며 걸려 있던, 약한 바람에도 산들산들 흐느적대는 얇은 소재의 푸른 셔츠와 하얀 레이스 옷이었다. 충동 구매의 화신처럼 살던 20대 초반과는 달리 이제는 갖고 싶은 옷을 보면 곧바로 옷장 속 모든 옷가지가 생각나, 같이 입을 수 있는 옷들이 있는지, 이걸 입고 어딜 갈 수 있을지에 대한 생각이 들어 차마 살 수 없었다. 대신 미코노스 여행을 조금이라도 알아본 사람이라면 눈감고도 찾아갈 유명한 올리브 오일 가게에서 (이름도 정직하게 Olive Oil Shop이다) 올리브 바디 용품과 천연 스펀지를 잔뜩 샀다.

올리브 상점도 인기가 많지만 미코노스, 아니 그리스를 통틀어 가장 잘 팔리는 기념품은 바로 이블 아이(evil eye)일 것이다. '사악한 눈'이라는 뜻의 이 외눈박이 장신구는 휴대폰 줄, 열쇠고리, 팔찌 등으로 만들어 팔리는데 가지고 있으면 질투나 미움으로 전해지는 악한 기운을 막아 준다 하여 B.C. 6세기 때부터 그리스 사람들의 생활에 큰 역할을 해 온 부적 비슷한 것이다. 누군가가 '오늘 입은 옷 예쁘다!' 하고 칭찬을 해주면 금세 그 옷에 커피를 쏟는다거나 하는 일을 두고 그리스인들은 이를 질투가 불러오는 불운이라 여겨 이블 아이를 착용한다고 한다. 뜻을 설명해주며 선물 하면 주변 사람들이 가장 좋아했던 기념품이었다.

저녁에는 미코노스 특산 메뉴로 유명한 소시지 요리를 먹어 보기로 했다. 염소 치즈와 후추를 듬뿍 넣고 만드는 짭쪼롬한 미코노스 소시지를 튀겨 내는 이 요리는 로우자 로카니코(Louza loukaniko)라 하는데, 맥주 없이는 먹을 수 없는 완벽한 안주다. 사실 맥주가 없으면 많이 짜니 어쩔 수 없이 마신다고 하는 편이 더 맞다. 아까 다섯 번은 더 돌았던 코라 골목을 다시 돌다가 혼자 기로스를 드시는 할아버지를 보고 기로스로 야식 메뉴를 정했다. 이유 없이 아쉬움이 많이 남는 그런 밤에는 야식이 최고다. 원인이 무엇이든 허전함은 맛있는 걸로 채우는 게 정답이다. 쉬이 잠이 오지 않아, 따끈한 기로스가 다 식어 가는데도 일부러 더 먼 길로 해안가를 한 바퀴 돌아 숙소로 돌아왔다.

자고 일어나면 오늘 아침과 같은 작은 생선 시장이 설 것이고, 새로 정박하는 보트와 아쉬움으로 닻을 천천히 끌어 올려 떠나는 크루즈 선박이 항구를 채우고 비우고 할 것이고, 1분에 한 움큼씩 팔려 나갈 이블 아이와 올리브 비누가 새로 진열대 위에 올려질 것이다. 성미 급한 한국 사람들이 인터넷을 사용할 때 클릭 후 페이지가 로드되기까지 기다릴 수 있는 최대 시간이 평균 3초라는데, '3초나 기다릴 수 있단 말이야?'라 생각하는 조급증 환자인 내가, 자꾸만 아날로그적인 미코노스 라이프에 욕심이 생긴다. 아침에 잡은 생선을 구워 먹는 오후, 천연 올리브 비누로 더위를 씻어 내고 근처 작은 섬 마을 구경을 다니며 하루에 책 한 권씩 뚝딱 해치우는 한량의 여름을 해마다 보내고 싶다. 아, 콕콕 쑤셔 오는 현실감이 유난히 더 미운 미코노스의 꿈결 같은 밤이다.

SLEEP

키마타 펜션
Kymata Pension

투박한 그리스 남자가 어떻게 이렇게 아기자기하게 펜션을 꾸몄을까 감탄을 금치 못할 푸르름 가득한 시원한 펜션. 겨울에 찾아가면 그 시원한 인테리어 때문에 아무리 껴입어도 서늘하지 않을까 하는 생각이 들 정도다. 친절하지만 여행자의 프라이버시를 위해 주는 배려심 넘치는 서비스도 추천하는 이유 중 하나.
Kato-Myloi, Chora 84600
+30 22890 25283
http://www.mykonoskymata.com
kymata@rocketmail.com

타구 호텔
Tagoo Hotel

경치 좋은 야외 수영장에서 날이 맑으면 근처의 섬인 시로스(Ciros), 티노스(Tinos), 델로스(Delos)까지 보이는 탁 트인 전경의 멋진 부티크 호텔. 가족이 운영하여 세련된 외관과는 상반되는 따뜻한 서비스를 기대할 수 있다.
Chora 84600
+30 22890 22611, 27106
http://www.hoteltagoo.gr
hoteltagoo@gmail.com

아도니스 호텔
Adonis Hotel

호텔 아도니스 역시 가족이 운영하는 편안한 숙박지로, 리틀 베니스와 매우 가까워 접근성이 훌륭하다. 깔끔하지만 과하지 않은, 미코노스 분위기를 십분 살린 인·아웃테리어는 오래

묵고 싶다는 생각을 매일 하게 만든다.
Fabrika, Chora 84600
+30 2289 022434
http://mykonosadonis.gr
adonis@myk.forthnet.gr

EAT

리틀 베니스의 스카르파 바
Scarpa Bar

완전히 바다를 바라보고 있는 경치 좋은 리틀 베니스의 대표적인 바로, 편안하고 또 많이 준비되어 있는 좌석에 앉아 새로운 친구를 사귀어도, 나처럼 혼자 미코노스의 석양을 감상해도 모두 좋을 곳이다. 라운지 클럽과 같은 트렌디한 음악 선곡이 즐겁고 신나는 분위기를 조성한다. 조용히 책을 읽고 싶은 사람들에게는 추천하지 않는다.
Little Venice, Chora 84600
+30 22890 23294
info@scarpa.gr
http://www.scarpa.gr
월요일 5:00~6:00, 13:00~4:00
화·수요일 5:00~6:00, 17:00~4:00
목요일 13:00~14:00, 20:00~4:00
금요일 15:00~4:00
토요일 5:00~6:00, 12:00~4:00
일요일 5:00~6:00, 12:00~13:00, 19:00~4:00

피아노 바
The Piano Bar

1983년 문을 연 이래로 이른 아침 식사부터 늦은 시각의 춤 판까지, 미코노스의 유흥을 책임

지는 큰 축으로 자리한 피아노 바. 미코노스에서 가장 역사가 오래 된 바인 만큼 여러 번 이름을 바꾸었지만 이곳의 직원들의 스스럼 없는 친절함과 흥은 전통과도 같아, 언제 찾아도 한결같이 즐겁다.
Little Venice, Chora 84600
+30 22890 23719
http://www.thepianobar.com

로터스
Lotus

30년 전과 마찬가지로 아직도 낡은 테이프에서 흘러 나오는 그리스 전통 음악을 틀어 놓고 고집 있게 고수하는 훌륭한 음식들을 내어 놓는, 인기가 많아질수록 투어리스트들만을 위한 바 가지 레스토랑들과는 사뭇 다른 타베르나이다. 두 개의 건물 사이에 위치하고 있어 조용히 숨어 있는 것처럼 보이기도 하지만 흐드러지게 핀 핑크색 꽃 때문에 멀리서도 알아볼 수 있다.
47 Matogianni Street, Chora 84600

카테리나스 바 & 레스토랑
Katerina's Bar & Restaurant

2층으로 된 카테리나의 바&레스토랑은 경치 좋은 (사실 미코노스 해안이 어느 곳을 찾아도 경치가 훌륭하지 않을 수가 없다) 발코니까지 갖추고 있다. 여러 종류의 맛있는 칵테일로 유명하지만 아침부터 문을 열어 일찍 일어나는 부지런한 여행객들의 아침 식사 장소로도 인기가 좋다.
8 Agion Anargiron, Little Venice, Chora 84600
+30 22890 23084

https://www.facebook.com/pages/KATERI-NAS-BAR-RESTAURANT/ 212517458797766
kouzis@hotmail.com

미팅
M-eating

실내 · 베란다 · 가든으로 나뉘는, 저녁~새벽에만 운영하는 멋진 '미팅' 레스토랑 · 바를 운영하는 주인 겸 셰프는 5성급 호텔 셰프로서의 경험을 십분 살려 흠잡을 곳 없는 지중해식 요리들을 선보인다. 음식의 질과 양에 비해 가격도 적당하고 무엇보다 분위기가 좋아 특별한 날이라면 '미팅'만 한 곳이 없을 것이다.
10 Kalogera Street, Chora 84600
+30 22890 78550
http://www.m-eating.gr
매일 19:00~1:00

TOURIST SPOTS/ACTIVITIES

파나지아 파라포티아니 교회
Panagia Paraportiani

카스트로(Kastro) 언덕 위에 있는 네 개의 예배당 중 가장 관광객들에게 인기를 끄는 교회이다. 그리스 문화재로도 지정되어 있다. 1425년 짓기 시작하였으나 17세기까지 완공되지 못한 이 건물은 그리 화려해 보이지는 않지만 견고하고 깨끗한 미코노스 고유의 건축 양식이 특징적이다.
이름을 직역하면 '옆으로 난 문의 숙녀'라는 뜻

이라 하는데, 카스트로 지역으로 난 문 중 옆으로 난 문 근처에서 예배당의 입구가 만들어진 것을 보고 붙인 것이라 한다.

Agion Anargyron, Chora 84600

세인트 니콜라스 교회
Agios Nikolakis

아마 미코노스 해변가 사진에서 가장 많이 등장하는 건축물일 것이다. 시원한 파란 돔 지붕을 하고 있어 어디에서도 눈에 잘 띈다. 여느 성당, 교회 건물에서 볼 수 없는 검은 천장과 흑백 타일 바닥의 인테리어가 독특하다. 이 때문에 특유의 신비로운 '별이 빛나는 밤' 분위기가 만들어져, 꼭 한 번 들어가 보기를 권한다.

Yalos, Chora 84600

에게해 해양 박물관
Aegean Maritime Museum

1985년 문을 연 이 박물관은 역시 전통 미코노스 양식의 19세기 건물을 개조하여 사용하고 있다. 그리스 해양활동의 역사와 전통을 보존·발전·연구하는 데 목적이 있는 이 박물관을 찾으면 선사시대로부터 비잔틴시대, 오스만터키시대를 거쳐 그리스 독립전쟁 시대까지의 에게해 지역에서의 상선의 진화와 활동의 역사를 한눈에 볼 수 있다.

10 Enoplon Dynameon Street, Chora 84600
+30 2289 022700

파라다이스 비치와
슈퍼 파라다이스 비치
Paradise Beach & Super Paradise Beach

젊은이들을 위한 파티 핫 플레이스 – 밤낮없이 춤을 추고 수영하고 소리지르고 즐기는 파라다이스와 슈퍼 파라다이스는 미코노스 시내에서 6km 정도 떨어진, 섬 남부에 위치한 미코노스의 대표적인 해변들이다. 여름 성수기가 되면 언제나 파티가 열리고 구 항구(old port)에서 11:00~23:00 동안 운행하는 버스도 있어 이동하는 것도 어렵지 않다. 젊은 층을 타깃으로 하기 때문에 주변 이용 가능한 상점, 식당이나 호텔 등도 개수도 많을뿐더러 모두 깔끔하고 트렌디하다.

http://www.superparadise.com

근처 섬들로 당일치기 여행가기

주변의 가까운 섬들 중 일정이 여유롭다면 가 볼 만한 곳으로는 낙소스(Naxos)섬과 파로스(Paros)섬, 델로스(Delos)섬 등이 있다. (여행 정보 – 교통편 정보를 참조하여 다녀와 보자)

KTEL – 미코노스 버스
KTEL

그리스 버스 회사 KTEL에서는 미코노스에서
약 26대의 버스를 운행한다. 모든 버스는 30분
~1시간 간격으로 출발하며 7, 8월 성수기에는
새벽 3시 정도 까지 운행한다.
티켓 가격은 목적지에 따라 편도 0.80€ ~ 1.70€
정도

- **정류장 1 남쪽에 있는 파브리카 광장**
  남부 해안가로 가는 모든 버스가 여기에서
  출발한다.
  행선지 : Ornos, Agios Ioannis, Platis Yialos,
  Psarou, Paradise Beach.

- **정류장 2 고고학 박물관 뒤 타운 북쪽에 위치**
  행선지 : Kalafati, Elia, Kalo Livadi, Ano Mera

- **정류장 3 구 항구, 타운 북쪽에 위치**
  행선지 : Agios Stefanos, Tourlos

http://www.ktelmykonos.gr/index-en.html
+30 22890 23 360, +30 22890 26 797
ktelmyk@otenet.gr

블루 스타 페리
Blue Star Ferry

http://www.bluestarferries.com

섬 3

산토리니

···

Σαντορίνη

SANTORINI
산토리니

키클라데스 반도 섬들 중 가장 남쪽에 위치한 산토리니. 그리스에서 가장 유명한 섬으로, 에게해 정 중앙에서 그 누구보다도 예쁘게 파도 위를 유유자적한다.

B.C. 8세기경, 테베의 영웅 티라(THIRAS)가 스파르타에서 이곳으로 이주, 정착했다 하여 붙은 공식적인 이름은 '티라(THIRA)'이다. 그러나 섬을 수호하는 성인 산타 이리니(SANTA IRENE: 성 이리니)에서 따 온 '산토리니'로 더 잘 알려져 있다.

산토리니에서는 어디에서든지 목을 길게 빼면 빠질 것만 같은 에게해의 광경에 자꾸만 시선을 빼앗기게 된다. 미코노스가 유화라면 산토리니는 파스텔화였다. 서로의 영역을 조심스레 조금씩 침범하며 예쁘게 색을 섞는 바다와 하늘이 만나는 모습을 바라보느라, 카페에 앉아 책 한 페이지를 넘기는 데 시간이 굉장히 오래 걸리는 여행지였다.

위 치	에게해 남단 키클라데스 제도
경 위 도	36°25′N 25°26′E
면 적	90.69km²
인 구	15,550명(2011)
홈페이지	www.na-kefalinia.gr
대표 마을	이아(Oia), 피라(Fira)
주요 항구	피론(Firon) 항구

이아, 에게해를 헤엄치는
파란 별

산토리니의 수도는 피라(Fira)이지만 가장 인기 있는 마을은 이아(Oia)다. 산토리니를 언젠간 꼭 가보리라 마음 먹은 사람들이 처음 산토리니에 반하게 되는, 가파른 절벽을 빼곡히 메운 작은 하얀 집들의 모습으로 유명한 마을이 바로 이아다. 나 역시 숙소가 많은 피라 마을을 베이스 삼기로 했지만서도, 먼저 이아 마을을 봐야 속이 시원할 것 같았다. 처음 여행을 결정케 한 그리스의 첫 인상이 역시 이아 마을의 환상적인 자태였으니 말이다.

피라와 이아를 잇는 버스는 아침부터 저녁까지 만원이라 앞뒤로 사람들에게 갇혀 샌드위치가 된 상태로 이동해야 했지만 케팔로니아서부터 중독되어 거의 매일 아침 식사로 먹고 있는 깨+꿀 과자 하나면 만원 버스도 거뜬히 버틸 수 있다.

덜컹대는 버스 안에서 과자 부스러기를 앞섶에 잔뜩 흘려가며 먹다 이아에 도착해 차에서 내리니 광산에 갇혀 있다가 세상에 나오는 사람처럼 눈을 뜨지 못할 정도로 엄청난 빛이 온몸을 깨운다. 사방에서 번져 오는 화이트와 블루가 온몸을 감싸 안아, 대도시에서 치열하게 질주하며 묻어 온 때가 세탁기 터보 엔진에 얼러 터지는 빨래마냥 순식간에 깨끗이 씻김을 느낀다. 이아 마을에 도착하는 순간 나는 그렇게 정신이 혼미해지도록 묵은 때를 단숨에 벗었다.

당나귀들이 오르내리며 반지르르하게 닦아 놓은 계단을 올라 마을 가장 높은 곳에 서서 절벽의 좁은 층 사이를 메운 사람들의 한가로움을 보았다. 모두 나와 같이 산토리니의 시원함에 정화된 듯 평온한 얼굴을 하고 있었다. 암묵적으로 드레스 코드가 있었던 것같이 모두가 흰색, 파란색 차림이다. 햇살에 반짝이는 대머리 할아버지가 접이 의자에서 독서를 하고 계시고, 찰칵거리는 소리에도 아랑곳하지 않고 세상 모르게 잠들어 있는 집채만 한 개들이 골목마다 하나씩 이정표처럼 놓여 있다. 신혼 부부 한 쌍은 섬을 휘감는 바닷바람에 베일과 드레스 자락을 맡긴 채 웨딩 촬영을 하고 있었다.

로마나 런던과 같은 대도시들에 비하면 절대적으로 자그마한 이아 마을이지만 하루 종일 구경해도 다 볼 수 없다. 작은 골목마다 샛길로 빠져 구경할 곳들이 셀 수 없이 많기 때문이다.

곳곳에 위치한 보물 같은 곳들 중 으뜸은 아틀란티스 책방이었다. 책을 담아 놓은 낡은 여행 가방 안에 들어가 낮잠을 자고 있는 고양이를 지나쳐 빙그르 돌아 내려가는 계단을 따라가면 빨간 페인트에 붓을 적셔 창문에 '이따금 나는 작은 상점들을 지나친다…'로 시작하는 라이너 마리아 릴케의 『말테의 수기』 일부

를 적어 놓은 창이 보이는 사랑스러운 서점이다.

2004년 산토리니에 여행을 왔던 세 친구가 산토리니에 서점이 하나도 없다는 것을 보고 우조에 잔뜩 취해 홧김에 세웠다는 출판사 겸 서점인 아틀란티스는 한 땀 한 땀 직접 만든 수제 서적 판매처로 처음 시작했다고 한다. 에딘버러에서 가져 온 종이에 인쇄하고 뮌헨에서 공수해 온 가죽으로 표지를 해 감싸 손으로 바느질 하여 책을 만들어 팔았다는데, 이제는 인기가 너무 많아져 책 수요가 급격히 늘 어 아쉽게도 인쇄소를 사용한다. 유럽 전역과 오세아니아, 미국까지 산토리니의 정기를 담은 예쁜 책들을 배달해주기도 하고, 산토리니에 여행을 온 사람들이 엽 서를 적어 넣으면 정기적으로 한데 모아 발송하는 서비스도 있다. 가차없이 수직 으로 내리쬐는 햇빛을 잠시 피하려 들어왔다가 빈손으로 나가는 손님들도 미소

로 환대하는, 연중 여러 축제들을 주최하는 무척 바쁜 이아의 명소다.

여기에서 떨이로 세 권에 2유로에 파는 헌책들을 들고 바로 옆에 있는 카페로 향하는 것은 산토리니를 즐기는 수많은 방법 중 하나이다. 핫초코를 기가 막히게 끓인다는 것 외에도 섬에서는 좀처럼 잘 잡히지 않는 무선 인터넷이 초고속으로 연결된다는 점에 반해, 나는 산토리니 일정 중 자주 블랙베리를 한 손에, 책 한 권을 다른 한 손에 들고 서점 옆 이 카페로 뛰었다.

삐걱거리는 나무 창문을 조심스럽게 열어 젖히면 산토리니 칼데라의 절경이 숨을 막히게 하는 명당 자리를 차지하고 앉았다. 책은 어느새 덮어두고 '시간 가는 줄 모르고 사람 구경하기' 삼매경이 시작된다.

공기마저 그 푸르름이 스며들어 민트 향이 감돌 것만 같은 이아 마을은 나처럼 신이 나 발에 모터를 단 이들과 그 향에 취해 천천히 미끄러지듯 구경하는 사람들의 빠르고 느린 발걸음들로 울리고 있었다. 문을 반쯤만 열어 놓은 작은 갤러리를 지나치며 그 틈으로 보이는 파스텔로, 물감으로, 색연필로 그린 산토리니의 상징과도 같은 파란 푸딩 같은 돔 그림을 지나쳐 실제 그 파란 푸딩 돔을 쓰고 있는 교회 앞에서 점심 식사를 해결해 줄 곳을 찾았다.

산토리니의 별식은 토마토 요리, 프세프토케프테데스(Pseftokeftedes)이다. 강수량이 낮아 가축을 기를 수 없었던 때 탄생한 요리로, 고기 대신 토마토를 미트볼처럼 만들어 튀긴 것이다. 잘게 다져 동그랗게 말아 튀긴 모양이 미트볼과 매우 흡사한데 짜지키를 듬뿍 얹어 한 입 물면 배어 나오는 토마토 즙이 그렇게 달 수가 없다. 사실 이전까지는 토마토는 칼로리가 낮고 몸에는 좋지만 맛은 없다고 생각하여 그리 좋아하지 않았는데, 산토리니 토마토는 달고 상큼하고 새콤하다. 어떻게 요리해 먹어도 맛있다.

큰 접시를 깨끗이 비우고 나와 몇 걸음 못 가서 디저트의 유혹에 낚였다. 어느 카페의 테이블을 보아도 둘에 하나는 아스피린을 빠뜨린 물컵처럼 뿌연 우조 컵이 놓여 있지만 나는 우조 대신 할아버지의 수염을 칭칭 감아 꿀에 듬뿍 적신 듯한 그리스 전통 과자 멜레티니아(Meletinia)를 선택했다. 멜레티니아는 산토리니에서 가장 인기 있는 후식으로, 크림치즈로 속을 채운 얇은 필로(phyllo) 페이스트리 위에 얇은 과자를 올려 만드는 부활절 과자였다. 시간이 지나며 연중 내내 먹게 되어 이제는 어딜 가나 쉽게 찾아볼 수 있다. 카페 1층의 큰 유리 진열장 안에는 멜레티니아 외에도 필로 반죽에 벌꿀 레몬 시럽을 듬뿍 부은 바클라바(Baklava), 계피와 오렌지 맛을 가미한 갈락토부레코(Galaktoboureko), 루쿠미아(Lukoumia)와 루쿠마데스(Loukoumades) 등 보기만 해도 혈당이 수직 상승할 것 같은 그리스 디저트들이 있었다. 수블라키와 무사카와 같은 그리스 음식에 비해 상대적으로 잘 알려지지 않은 그리스 디저트를 한국에서 쉽게 볼 수 없는 것이 아쉽다. 언제 또 바삭한 필로를 휘감고 있는 그리스 천연 꿀을 핥아 볼 수 있을까? 여행 중 '배불러도 또 먹으며' 대는 단골 핑계다.

멜레티니아가 반 이상 사라지고 접시에서 고개를 들어 보니 테라스 자리에서 누군가 열심히 그림을 그리고 있었다. 아빠는 아직 많이 어린 아이를 안고 우유를 먹이고, 엄마는 모든 정신을 흰 도화지에 쏟고 있다. 아가는 아빠 품에 안겨 옹알거리며 엄마의 그림을 평했고, 화가 엄마는 초등학교 시절 우리가 페트병을 잘라 만들었던 미술 시간 물통과 똑같은 그것에 이따금씩 붓을 넣고 휘저어, 물통 속의 파아랗던 물은 점점 더 진한 파랑으로 물들어 갔다.

아침부터 구경하며 이 골목 저 골목으로 이렇게 저렇게 몇 바퀴를 돌았지만 밤이 올 때까지 피라의 숙소로 아직 돌아가지 못한 것은 산토리니에 오는 모든 사람들의 목적, 산토리니의 석양 때문이었다.

그리스 신화에서는 태양의 신 아폴론이 불의 전차를 몰고 가기 때문에 태양이 뜨고 진다 말한다. 아폴론이 하늘에서 불에 휩싸인 전차를 끌고 나오면 해가 뜨고, 그가 다시 전차를 끌고 퇴근하면 밤이 온다는 것이다. 그가 '이랴!' 하고 말을 달려 만들어 내는 산토리니 이아 마을의 노을을 보기 위해, 깎아지른 절벽 마디마디마다 뭉텅이로 얹혀 있듯 하던 관광객들은 날이 어둑해질 무렵 모두 마을의 서쪽 끝을 병풍처럼 두르고 있는 이아 성벽 부근으로 모인다. 수천, 수만 쌍의 연인들이 입을 맞추고 발갛게 저무는 해를 뒤로하며 사랑을 약속하는 곳이다.

나비의 날갯짓같이 지평선 위에 사뿐히 내려 앉은 이아 마을 석양은 나의 스무 살 같았다. 고대하던 그것은 고등학교 내내 이제나저제나 꿈꿔 왔던 스무 살과 많이 닮아 있었다. 저무는 태양이 고요한 수평선에 입맞춤하였고, 바다는 부끄러워 발그레하게 물들었다. 나름 일찍 와서 최고의 자리를 선점한다고 했는데 막상 와 보니 사람들에게 수없이 치이고, 그 자리에 버티고만 있으려다 눈 깜빡 할 새에 어느새 지나쳐 버린 그 황금 같은 찬란한 찰나, 너무나 인기 있어 산토리니를 찾는 사람들이라면 누구든지 다 보고 가는 석양은 나뿐 아니라 우리 모두가 다들 겪고 순식간에 넘겨 버리는 스무 살과 같았다. 그래서 결론은 기대 이하였다. 이아 마을에 또 오게 된다면 한 시간 전부터 일몰을 보려 사람들 사이에서 카메라를 꺼내 들고 대기하고 있기보다는 못 그리는 그림이지만 아까 그 화가 엄마처럼 수채화에 도전해 볼 것이다.

스무살을 기점으로 상상도 하지 못한 스펙터클한 20대가 펼쳐졌던 것과 같이,

산토리니 여행도 도착한 첫날 저녁 석양을 감상한 후로 하루하루가 점점 더 신나
고 즐거웠다.

피라로 돌아오는 길, 낮에 그냥 지나쳤던 서점의 이름이 다시 떠올라 무릎을 쳤
다. 가라앉은 산토리니의 가운데 부분이 바로 잃어버린 섬 아틀란티스라는 설에
서 분명 서점의 이름을 따왔을 것이다. 바다의 신 포세이돈과 미의 여신 아프로디
테 사이에 태어난 트리톤이 항해자들에게 선물로 주었다는 산토리니, 너는 정말
아틀란티스였을까. 에게해 한가운데서 이렇게나 많은 사람들을 등에 업고 그 오
랜 세월을 물장구 쳐 온 산토리니는 사파이어같이 빛나고 있었다.

마마 조이의 시원한 웃음과
함께한 화산섬 투어

●　　　　　　　만만하게 볼 경사가 아닌 이아의 언덕을 하도 걸어서
그런지 다음 날 아침 정신이 들어 눈에서 졸음을 비벼 내며 침대에 앉기까지 시
간이 오래 걸렸다. 겨우 정신을 차리고 나와 먹는 아침 식사를 방해한 것은 접시
깨지는 소리와 그보다 더 날카로운 투어 가이드 사무소 아주머니의 목소리였다.
아침 일찍부터 부부싸움하는 소리에 평화로운 아침이 깨어진 것은 둘째치고 쫓
겨 나와 투덜대며 어디론가 사라지는 아저씨의 모습 뒤로 아직도 씩씩대는 아주
머니에게 투어 프로그램을 예약해야 한다는 것이 걱정이 되었다.

　단체 투어를 꺼리는 편이지만 산토리니의 화산섬 투어만큼은 추천한다. 평생

산토리니에서 살아온 가이드만이 들려줄 수 있는 섬의 역사와 배를 타고 돌아보는 칼데라의 장관 때문이다. 여러 번의 화산 폭발로 인해 현재의 반달 모양으로 남은 산토리니의 붉고 검은, 거친 모습을 볼 수 있는 훌륭한 기회다.

본래 둥글었던 섬을 거진 다 깎아 나가게 한 산토리니의 화산 폭발의 위력은 엄청났을 것으로 추정된다. B.C. 1500년의 폭발로 발생한 쓰나미가 90km나 떨어져 있는 크레테 섬의 미노스 문명을 완전히 쓸어 버렸다고도 한다.

마을에서 구 항구(Ammoudi)까지는 587개의 계단으로 연결되어 있다. 사실 항구로 내려가는 길은 조랑말 등 위에서 통통 튕기며 내려오며 감상하는 것이 정석인데 공교롭게도 당나귀들이 지나는 길이 점검 중이라 어쩔 수 없이 몇 년 전 신설된 케이블카를 타고 내려와야 했다. 아직 한적한 항구에는 진짜배기 마도로스 느낌이 제대로 나는 할아버지 몇 분이 멀리서 봐도 손때가 많이 탄 모자를 삐딱하게 눌러 쓰고 아침 담배를 태우고 계셨다.

굵은 모래알에 파도가 부딪히는 소리는 한참을 들어도 질리지 않아, 1등으로 도착하여 나머지 투어 멤버들과 가이드까지 모두 모이는 데 얼마 걸리지 않은 듯했다.

"오늘은 내가 당신들 모두의 엄마예요. 그러니까 오늘만큼은 종일 나를 마마(mamma, 엄마)라 부르면 됩니다."

마마 조이(Mamma Joy)라며 본인을 소개하는 실팍한 인상의 가이드는 매일 이렇게 진행되었을 투어를 얼마나 오래 이끌어 온 것인지를 가늠케 하는 쇳소리 나는 굵은 목소리를 항구 가득 울렸다. 산토리니 투어 가이드들 중 유일한 산토리니

태생이라는데 과연 자부심 가득한 뿌듯한 표정을 투어 내내 지어 보였던 것이 인상적이었다.

돛을 올리고 순풍을 받아 시원하게 앞으로 나아가는 우리 배의 첫 일정은 화산섬 니아 카메니(Nea Kameni)로, 현존하는 세계 최대의 활동하는 칼데라를 가지고 있는 산토리니의 화산섬이다. 세계 최대이건 보통 사이즈이건 화산섬을 실제로 본 것은 처음이니 모든 것이 신기했다. 배 위에서 어색한 인사를 나눈 우리 일행은 가끔 들이닥치는 큰 파도에 물벼락 세례를 맞으며 소리를 지르고, 서로의 사진을 찍어 주며 친해졌다. 그리고는 화산섬에 도착하자마자 신이 나 마마 조이를 앞질러 화산을 뛰어 올라가며 찌꺼기같이 남은 마지막 어색함을 털어 버렸다. 뛰며 발산하는 열기와 화산에서 뿜어져 나오는 더운 증기 때문에 한층 상기된 얼굴

로, 꽤 길었지만 절대 지루하지 않았던 마마 조이의 화산섬에 대한 설명에 귀를 기울였다.

이제껏 세계 각국의 여러 도시를 여행하며 인간의 힘으로 불가능해 보이는 웅장한 대형 건축물들과 신의 축복이라고밖에 설명할 수 없는 놀라운 재능으로 창조해 낸 예술품들을 침을 닦아 가며 감상했었지만 대자연의 놀라운 광경에는 그 어떤 것도 견줄 수 없음을 깨달았다. 아찔한 색채의 대비나 카메라에 예쁘게 잡히는 구도는 없지만 발 아래에서 부글거리며 끓

는 수천 년 된 산토리니의 용암은 깊이가 다른 숙연함을 끌어낸다.

연기가 새어 나오는 화산 구멍을 가리키며 마마 조이는 여기에서 황산이 올라오니 절대 가까이 가서 냄새를 맡거나 손을 넣어 데지 않도록 하라는 주의를 주었다. 아들이 어릴 적 화산 구멍에 얼굴을 넣었다가 바로 기절해서 혼이 났다는 얘기를 하며 그 아들이 어느새 다 커서 바로 오늘 투어를 마치고 집으로 가면 군대에서 돌아와 있을 것이라는 기쁜 소식도 덧붙였다. 우리 모두는 아마 마마 조이가 투어를 할 때마다 이야기했을, 어릴 적 화산에서 황산을 맡고 기절했던 에피소드의 주인공인 이 이름 모를 청년이 군 복무를 마치고 엄마 품으로 무사 귀환함을 축하했다.

인정사정 없이 불어 오는 바닷바람에 맞서 다시 배에 올라, 이번에는 온천이 있는 팔라이아 카메니(Palaia Kameni) 섬으로 향했다. 이 섬 주변에서 솟아나는 온천 물은 산토리니의 다른 물보다 5도 정도 더 따뜻해 투어 중 언제나 배를 세우고 수영을 하도록 한다. 물이 아직은 차 보였지만 막상 용기를 내어 뛰어든 사람들은 더없이 시원한 표정을 하고 아직 망설이는 우리에게 어서 들어오라 손짓을 해댄다. 그래 한번 뛰어들어 볼까- 하는 찰나, 마마 조이가 외친다.

"아, 한 가지 더. 여기 물은 천연 유황 성분 때문에 이렇게 물이 갈색을 띠는 것이니 비싼 수영복 가지고 왔으면 절대 들어가지 마라! 집에 가서 백 번을 빨고 표백제에 담가도 색이 안 빠질 테니까."

산토리니 간답시고 제일 아끼는 수영복을 챙겨 온 내 잘못이지 뭐. 다른 사람들의 첨벙대는 물장구 소리와 깍깍대는 비명소리로만 화산섬 앞에서의 수영을 상

상해야 했지만 마지막 일정이었던 티라시아(Thirasia) 마을 해안가에서의 식사가 꿀맛 같아 서운하지 않았다. 섬에서 뛰어놀고 물장구도 함께 쳤다 해도 처음 만난 사이가 친해지는 데에는 함께 밥을 먹는 것만 한 일이 없다. 모두가 각자의 언어로 '맛있다'가 무엇인지 알려주며, 그리스로 떠나와 처음으로 왁자지껄하게 식사를 했다.

피라로 돌아오니 시곗바늘은 금방 반 바퀴를 휙 돌아와 있다. 몇 주간 종일 걷다가 배로 이동을 해서 그런지 체력은 아직 99% 충전 상태다.

산토리니의 명물 럭키 수블라키(Lucky Souvlakis)에서 밤에 혼자 뜯을 수블라키 하나를 사 들고 들어와 말똥말똥한 눈을 억지로 붙이고 잠을 청했다. 내일을 위한 체력 비축이다. 하루를 더 보내고, 밤이 오고, 자정이 되면 나는 스물다섯이 된다. 내일 밤 산토리니에서의 생일을 늦게까지 자축하기 위해, 파노라마처럼 펼쳐지는 칼데라를 눈앞에 두고 벌써부터 설레는 마음을 토닥여 재웠다.

청춘의 색은
파랑

섬들을 전전하며 나는 호텔이나 호스텔보다도 펜션을 우선으로 하여 숙소를 찾았다. 그리스 섬들의 숙박 업체들 중 가장 시설이 편하게 잘되어 있기도 하고, 집 같은 아늑함이 좋다. 그리스 펜션들은 대부분 그 주인의 이름을 따서 '아무개 네'의 식의 간판을 달고 있는데, 그래서 그런지 친구 집에 놀러 가는 기분도 나고, 따뜻하게 이름 불러 맞이 해주는 그리스 사람들의 환대를 훨씬 더 잘 느낄 수 있다.

산토리니에서의 숙소는 '디나네 집'이었다. 온라인으로 펜션을 찾아보았을 때 몇 년전까지는 숙소에 붙어 있는 주인 이름이 남자 이름이었던 것을 보고 중간에 주인이 바뀌었던 것인지 의아했는데, 그 연유는 도착하자마자 바로 알 수 있었다. 체크인을 하러 로비에 들어서니 만삭의 여인이 본인이 펜션 이름의 바로 그 디나라며 악수를 청해 왔다. 수다스러운 이 아주머니는 여태 만나 본 그리스 섬사람들과 다르게 영어가 유창하다. 디나는 사실 이 펜션에 머물렀던 여행자였다고 한다. 펜션 주인 아들과 눈이 맞아 바로 결혼을 하고 그때부터 산토리니에서 살았다고. 중간중간 '남편이 벌써 오면 요 얘기를 못해 주는데~'라고 중얼거리며 문 쪽을 안타깝게 쳐다보며, 디나는 결혼한 지 10년 만에 아기를 가져 이렇게 배가 불렀다는 등의 시시콜콜한 이야기들을 재미나게 늘어 놓았다.

"산토리니에 그래서 그냥 있어 버리기로 한 거예요?"
"그럼! 와 보니까 이렇게 예쁠 줄 몰랐어. 각오를 더 단단히 하고 왔어야 하는데 말이야. 첫눈에 반할 정도로 멋져서 내가 홀랑 넘어가고 말았지."
"산토리니에? 아니면 남편한테?"
"둘 다!"

수다쟁이 디나에게 피라에서 가장 맛있는 레스토랑이 어디냐 물었다. 1년을 묵어도 다 가보지 못할 정도로 여러 곳을 댈 것이라 기대했는데 의외로 그녀의 대답은 짧았다.

"니콜라스 타베르나!!!!!"

느낌표 다섯 개가 눈에 보일 정도로 우렁찬 그녀의 강력한 추천을 받은 곳은

이미 여러 여행객들의 리뷰에서 익히 들어온 피라의 1
등 맛집 니콜라스 타베르나(Nikolas Taverna)였다. 60
년대 초반부터 성업해 온 가족 식당으로, 가장 바쁠
점심과 저녁 식사대를 피해야 줄을 서지 않고 여유로
이 식사를 하고 또 웨이터와 주방장과 짧게나마 대화
도 나눌 수 있다. 한창 바쁠 때 니콜라스 타베르나 앞
을 지나가면 멀리까지 줄이 늘어진 것을 볼 수 있을 정
도로 인기가 좋다. 구운 생선과 파바빈(Fava bean) 메
제(Meze) 접시를 시켰는데, 이곳에서 파바빈 요리에
푹 빠져 이후로 가는 식당마다 파바빈을 주문했지만
그 어디에서도 니콜라스네와 같은 맛을 내지 못했다.

파바 콩을 퓨레로 갈아 내는 간단한 그리스 전통 요
리지만 콩의 품질에 따라 맛이 크게 좌지우지되기 때
문에 토마토와 포도와 더불어 산토리니 특산물로 꼽
히는 산토리니 파바 콩으로 만드는 파바 요리는 산토
리니에서 꼭 먹어 보아야 한다. 따뜻한 파바 퓨레를 곁
들여 바삭하게 잘 구워진 생선 요리를 먹으며 파트모
스 섬(Patmos)에 무작정 정착하여 타베르나를 오픈
하는 경험을 책으로 펴낸『나의 타베르나의 여름(The
Summer of My Greek Taverna)』을 읽었다. 여행하다
눌러앉아 사업을 열기까지, 그리스 사람들을 완벽한
이방인으로, 동네 이웃으로, 그리고 사업 파트너로 만

나는 경우가 모두 극단적으로 달라 힘들었던 작가의 경험담이 고스란히 담겨 있는 책이다. 산토리니 생활을 찬양하는 디나의 이야기를 듣고 잠시나마 '나도 여기서 뭐라도 하면서 아예 눌러 살아 볼까' 했던 마음을 바로 접어 버렸다. 좋아하는 일이 직업이 되면 절대 안 된다는 말은 이미 경험으로 뼈저리게 깨달은 바 있으니, 나는 그냥 산토리니가 보고 싶을 때 찾아오는 여행자만 해야지, 생각한다.

나는 생일에 크게 의미 부여를 하지 않는다. 크리스마스에는 그렇게 열광하면서 정작 내 생일에는 파티를 열거나 하지 않은 지 굉장히 오래되었다. 아무런 축하 없이 그냥 넘어가도 상관없고, 문자로 생일 축하한다는 한 마디를 받는 것으로 충분하다. 가족들과 케이크를 자르고 친한 친구 한둘과 밥 한 끼 먹게 된다면 그 이상 바랄 것이 없다. 하지만 타지에서 맞이하는 생일이라 그런지 아니면 25라는 숫자에 나도 모르게 나름의 의미 부여를 해 왔던 것인지, 온 동네에 생일을 광고하고 싶은, 풍선같이 빵빵 차 오른 벅찬 마음이다. 생일 전날 밤, 피라에서 가장 유명한 재즈바인 키라 티라(Kira Thira)에 밤 열한 시에 입장하여 와인 한 잔을 주문했다. 재즈와 전통 그리스 음악을 틀어 주는 유명한 피라의 뮤직 바 키라 티라가 막 흥을 돋우는 시간인가 보다. 마지막 자리를 내가 차지하게 되었다. 카운터에 놓인 큰 그릇에서 덜어 판매하는 샹그리아가 유명하지만 나는 산토리니의 빈산토(Vinsanto) 와인이 꼭 마시고 싶었다.

빈산토 한 잔을 금세 비우고 레드 와인 한 잔을 더 시켰지만 한 모금도 마시지 못한 채 5분에 한 번씩 시계를 들여다보고 있자니 DJ 겸 바 주인인 드미트리(Dmitri)가 도대체 왜 그렇게 시간을 계속 확인하냐 묻는다.

"어디 가야 돼? 왜 자꾸 시계를 보니… 재미없어?"

"그게 아니라 12시가 되면 내 생일이라……."

"응? 다시 한 번 말해 봐."

"자정이 되면……."

"여기 다들 주목!"

주인이 DJ를 겸하고 있으니 음악도 마음대로 끊어 버리고 가게에 꽉 들어 찬 손님들을 일동 주목시키는 것이 이렇게나 간단하다. 드미트리는 어안이 벙벙한 나를 일으켜 곧 스물다섯이 될 'Birthday girl'이라 소개했다. 바 안에 있던 모든 손님들이 자정 카운트다운을 함께 외치고, 열두 시가 되자 목소리를 모아 'Happy Birthday' 노래를 불러 주었다. 갑작스러운 축하 세례에 앞에 놓인 와인보다 더 빨개진 얼굴을 하고 있자니 드미트리는 단골들이라며 옆 테이블에 앉아 있는 언니 셋을 소개시켜 주고 생일 축하 샴페인까지 서비스를 해 준 후 DJ 부스로 돌아

갔다. 레나(Lena), 린다(Linda), 리사(Lisa), 이름이 모두 L로 시작하여 기억하기 쉽지 않냐며 나를 반갑게 맞아 준 언니들은 한국에서 왔다는 말을 하자마자 김기덕 감독의 영화를 줄줄 읊으며 한국 영화 찬양을 한다. 김기덕 감독 회고전을 보기 위해 다른 나라로 여행도 몇 번 다녀왔다는 레나는 2009년 7월부터 금연 법 때문에 공공장소에서는 재떨이를 놓아 두지 않는다며, 바닥에 담배를 떨어뜨려 껐다.

"금연 법이 있다면서 피워도 되는 거예요?"
"응, 다들 그냥 피워. 하지만 재떨이가 있으면 가게 주인이 벌금을 무니까 이렇게 바닥에 버려야지."

이야, 그리스답다. 샴페인을 연거푸 비워가며 키라 티라 바닥에 레나의 담뱃재가 점점 더 쌓여 간다. 우리는 곧 서로 하는 일, 가족, 키우는 개 이름까지 아는 사이가 되었다. 가늠할 수 없는 이들의 커리어들이- 페미니스트 칼럼니스트, 평생 산토리니를 벗어날 필요를 못 느껴 아테네행 페리 한 번 타 본 적 없는 작은 상점의 주인, 생일이니까 '칼리스티(Kallisti, 가장 예쁜)'라 불러 줘야 한다며 나를 유난히 챙기던 김기덕 감독님의 열성 팬 극작가 언니까지- 남은 20대의 5년이 과연 어떤 색의 빛을 발할지 궁금해하는 나에게 많은 생각을 안겼다. 불타는 생일 밤을 보내려 했던 낮의 계획과는 다르게 나는 미래의 청사진을 씩씩하게 그려 보는 것으로 스물다섯 번째 생일의 밤을 보냈다.

 **SLEEP**

디나스 플레이스
Dina's Place

산토리니 사람들보다 더 산토리니에 애정을 가지고 있는, 수다스러운 안주인 디나의 깔끔하고 위치 좋은 펜션. 날씨가 더우면 펜션에 있는 수영장에서 한가롭게 낮 시간을 보낼 수도 있고 펜션 어딘가에 언제나 상주하는 디나에게 물어 산토리니에서 손꼽히는 맛집과 쇼핑 플레이스들을 찾아갈 수 있다.

Fira 84700
+30 22860 23516
http://www.dinasplace.gr
info@sangiorgiovilla.gr

아다만트 스위트
Adamant Suites

활기찬 피라 마을에 위치한 아늑하고 아름다운 낭만적인 아다만트. 루비, 사파이어, 다이아몬드 등 보석의 이름을 딴 여섯 개의 스위트로 구성되어 있다. 한국에 대표 사무소가 있어 편의성과 서비스적인 면에서 그 어떤 숙소보다도 우위를 점한다. 한국인 고객들만을 위한 특별 이벤트도 종종 있어 정기적으로 홈페이지를 방문해 보면 알짜배기 정보를 얻을 수 있다.

Bellonio Cultural Centre, Thira 84700
+30 22860 25632
http://adamant.hotelthira.com
info@aquavistahotels.com

EAT

니콜라스 타베르나
Nikolas Taverna

산토리니 제일가는 맛집으로 주저 없이 선택되는 니콜라스의 타베르나. 아늑하고 편안한 분위기 속에서 진짜 그리스 가정식을 먹어 볼 수 있다.

Fira 84700
+30 22860 24550
월-토요일 12:00~15:00, 18:00~23:00/일요일 18:00~23:00

프랭코스의 바
Franco's Bar

피라에서 가장 경치가 좋다. 산토리니 노천 카페 자리 값은 경치가 어떤가에 따라 천지 차이다. 그중 프랑코의 바는 정확히는 몰라도 그리스에서도 가장 땅값이 비싸다는 산토리니에서도 최고로 값이 많이 나가는 곳일 것이 분명하다. 이곳의 발코니에서 내려다보는 노을은 한바탕 난리를 치며 찍으려는 사람들 사이에서 겨우 볼 수 있던 이아 마을의 노을보다 훨씬 더 조용하고 평온하다. 해가 완전히 저물어야 사람들 소리가 좀 들리기 시작하고, 이른 저녁을 먹고 온 사람들이 느긋하게 식후 독서를 즐기기에 이보다 더 좋은 곳이 없다.

Fira 84700
+30 22860 24428
http://www.francos.gr
nikolas_darzentas@hotmail.com

키라 티라

Kira Thira

피라에서 가장 역사 깊은 분위기 좋은 재즈바. 음악이 크게 들려 대화를 나누려면 목소리를 높여야 하지만 연륜 있는 DJ 겸 이 바의 주인이 선곡을 잘해서 아무 말 없이 음악만 감상하고 있어도 좋은 곳이다. 생각보다 크지 않아 찾아가는 시간대를 잘 선정해야 한다. 너무 붐빌 때 찾으면 오래 기다려야 할 것이고 손님들이 없을 시간에는 시끌한 키라 티라만의 흥겨운 분위기가 나지 않으니 말이다.

Fira 84700

+30 22860 22770

http://kirathirajazz.blogspot.kr

럭키 수블라키

Lucky Souvlakis

싼 값에 배를 채우고 싶은 여행자들에게 산토리니에서 럭키 수블라키만 한 곳이 없을 것이다. 밤늦게까지 연기를 먹어가며 열심히 수블라키를 구워내는 직원들 덕분에 하루 종일 피라 마을을 구경하고 숙소에 돌아가며 이곳에 들러 가볍게 맥주 한잔 하는 여행객들이 많아 문 닫기 직전까지도 줄을 서서 먹는다.

Main Street, Fira 84700

+30 22860 22003

빈산토 와인

Vinsanto

건조한 화산섬 산토리니가 와인 산지라는 점. 또 그 맛으로 인정을 받고 있다는 점이 의아했

다. 알고 보니 작은 구멍이 많은 산토리니의 토양이 수분을 가두어 강수량이 절대적으로 부족함에도 불구하고 포도 경작이 가능하다고 한다. 화산 토양에만 함유된 고유의 미네랄과 바다에서부터 피어 오르는 안개가 포도가 필요로 하는 수분과 영양을 공급한다는 것이다. 맑은 섬의 아침 이슬로 빚어내는 산토리니의 포도 중 80%가 화이트 와인 품종인 아시르티코 (Assyrtiko)이고, 이를 말리면 좀 더 달콤한 빈산토가 된다. 감귤 맛이 난다고 하는데 와인을 잘 알지는 못해도 확실히 그 시큼하면서 달달한 독특한 풍미를 옅게나마 느낄 수 있는 와인이다.

멜레니오 카페-파티세리

Melenio Cafe Patisserie

이아 마을 최고의 테라스 자리를 보유한 카페. 언제나 손님이 많지만 워낙 규모가 커 금방 자리가 난다. 에게해에 등을 지는 것이 결코 쉬운 일은 아니건만 멜레니오의 수많은 디저트 메뉴 중 하나를 골라 자리잡고 앉으면 다 먹을 때까지 접시에 코를 박고 있게 될 정도로 깔끔하면서 진한 달콤함을 꼭 맛보고 가도록!

Oia 84702

+30 22860 71149

TOURIST SPOTS/ACTIVITIES

아틀란티스 북스
Atlantis Books

산토리니 유일무이한 영문 서점. 엽서 한 장 사러 들러도 서점이 워낙 예뻐 오래 구경하게 되는 곳이다. 책을 사지 않아도 서점 주변에 카페들이 많아 구경하러 가 보는 것만으로도 충분한 눈요기가 된다.

Oia 84702
http://www.atlantisbooks.org
+30 22860 72346
hello@atlantisbooks.org

고대 티라
Old Thira

섬 동쪽 끝에 있는 도리스인의 유적들이 남아있는 B.C. 10세기경의 마을. 티끌 하나 묻으면 덧칠하는 하얀 페인트 덕분에 이아 마을과 피라 마을만 돌아보면 그 나이를 가늠할 수 없는 산토리니이지만 고대 티라를 방문하면 이 섬이 얼마나 오랜 세월을 지내 왔는지를 느낄 수 있다.

아크로티리 유적
Akrotiri

B.C. 15세기의 분화로 화산재 밑에 매몰된 유적지. 크레타섬의 미노아 문명과 더불어 뛰어난 문화를 이룩한 도시의 자취가 지금도 계속 발굴되고 있다고 한다.

페리사, 카마리 해변
Perissa, Kamari

검은 모래가 넓게 깔린 해변으로 물이 매우 깨끗하여 해변가와 물의 대조가 환상적인 산토리니의 대표적인 해변들.

트리안타필루 투어
Triantafillou Sailing Day Tours

요트 대여와 낚시 투어, 산토리니 섬 투어 등 다양한 프로그램을 갖춘 산토리니의 대표적인 투어회사 중 하나이다. 그중 화산섬 투어는 산토리니에서 진행하는 여러 종류의 투어 중 가장 인기 있는 프로그램으로, 산토리니의 아름다운 자연 환경을 모두 살펴볼 수 있는 일정이다. 해지기 전 하루를 거의 전부 투자해야 하는 여섯 시간 남짓한 프로그램이지만 아침 열 시에 출발하니 오후 네 시면 다시 돌아온다.

Oia 84702
+30 22860 72071
http://www.sailinginsantorini.com

TRANSPORTATION

KTEL - 산토리니 버스
KTEL

피라-이아, 아크로티리(Akrotiri), 블리하다(Vlihada), 박세데스(Baxedes), 부르불로스(Vourvoulos), 모놀리토스(Mpnolithos) 마을, 피라-카마리, 페리사 해변, 이메로비글리-이아

마을을 오가는 버스와 피라 마을, 카마리, 페리
사 해변에서 항구(Athinios Port)를 오가는 버스
의 스케줄표가 상세히 명시되어 있는 KTEL 의
산토리니 버스 홈페이지
http://www.ktel-santorini.gr

섬 4

크레테

:

Κρήτη

CRETE
크레테

이오니아해, 에게해, 지중해, 그리고 리비아해까지. 네 개의 대양을 접하는 크레테 섬은 지리학적·문화적으로 개성이 넘친다. 우리의 제주도처럼 자신들만의 방언도 있어 그리스의 다른 지역 사람들도 휴가를 보내러 오는 이국적인 곳이다. 뉴욕에 사는 사람들이 스스로를 미국인이라기보다도 뉴요커라고 하는 것과 같이 크레테 사람들은 스스로를 크레탄(CRETAN)이라 칭한다.

지중해에서 다섯 번째, 그리스에서는 가장 큰 섬인 크레테는 정말 넓어서 여행 일정을 짜는 것이 쉽지 않았다. 동에서 서로 가로지르는 길이가 무려 250km나 되고 주변의 작고 예쁜 섬들도 많다. 결국 숙소가 있는 섬 한가운데의 레팀노(RETHYMNO)를 비롯하여 크레테에서 가장 큰 도시들인 카니아(CHANIA)와 이라클리온(HERAKLION)으로 좁혔다. 갈 곳은 너무나 많고 그에 비해 일정은 터무니없이 짧으니 어떤 일정으로 어디로 떠나더라도 언제나 갈 곳들을 추려 내야 하는 천 갈래 만 갈래 찢어지는 여행자의 마음은 어디에 빗대야 할지 모르겠다. 10년을 주고 마음껏 돌아다니라 하여도 못 가 보아 아쉬운 곳은 분명 있을 것이다.

위 치	그리스 최남단. 유럽 모든 섬들 중 가장 남쪽에 위치
경 위 도	35°13′N 24°55′E
면 적	8,336km²
인 구	623,065명(2011)
홈 페 이 지	www.crete-region.gr
대표 마을	이라클리온(Heraklion), 카니아(Chania), 레팀노(Rethymnon)
주요 항구	이라클리온(Heraklion), 카니아(Chania)

건강의 청신호,
크레탄 다이어트

산토리니-크레테 이동은 쉬울 거라 생각했다. 경비행기와 페리를 번갈아 옮겨 타다 경유 없이 순탄한 직항 보트 한 번에 도착하는 것이니 어려울 일이 있겠으랴 했는데, 크레테에 늦은 시각에 도착하여 항구에서 숙소가 있는 레팀노까지 가는 밤 버스가 복병이었다. 그 흔한 이정표 하나, 가로등 하나 없는 휑한 도로를 끝없이 달리며 언제 내릴지, 내릴 수는 있을지 몰라 내내 버스에서 안절부절못한 채 초조해했다. 어떤 길을 가도 낯선 길에서는 긴장을 하기 마련이지만 타고난 대범하지 못함은 이럴 때 '너 참 못났다—' 자책하게 만든다. 여태 다녔던 여행 중 소위 말해 '길바닥에 버리는 시간'이 가장 많다. 서울에서의 출퇴근 시간과 여행할 때의 이동 시간은 둘 다 길에서 교통수단을 타고 보내는 것은 맞지만 그 성격이 완전히 다르다. 눈 감고도 갈 수 있는, 전날 밤 어떤 이유로든 잠을 잘 자지 못하여 비몽사몽인 상태로 정신을 반쯤 다른 곳에 두고 있어도 어느새 눈을 떠보면 갔어야 할 곳에, 왔어야 할 곳에 무사히 도착해 있는 익숙한 출퇴근길에서와는 다르게 어제 처음 와 봤는데 오늘 두 번째로 찾아가려 하니 또 조바심이 나는, 아직 몇 번 밟아 보지 않은 길에서 보내는 시간은 사진을 찍을 만한 풍경도, 구경거리도, 재미있는 동반자도 없다 하여도 값지다. 최소한 본인의 대범함의 부재에 대해 깨닫기라도 할 수 있는 시간이다.

자정이 가까워지는 시각이 돼서야 정류장에 내려 또 한참을 헤매다 아직 장사를 접지 않은 오렌지 주스 가판대의 언니를 발견하고 겨우 호스텔을 찾을 수 있

었다. 고마운 마음에 오렌지 주스를 하나 사서 전혀 마르지 않은 목에 꿀꺽꿀꺽 넘기고, 내일 아침에도 또 올 거라고 인사를 건네고 어렵사리 도착한 호스텔에 짐을 제대로 풀지도 않은 채 쓰러져 갔다.

레팀노 호스텔에서 맞이한 첫 아침, 캐리어에 걸린 자물쇠 비밀 번호가 생각나지 않아 호스텔 주인을 불러 커다란 렌치로 자물쇠를 박살내야 했다. 일찍부터 깨우고 싶지 않았지만 전날 밤 늦게 도착한 탓에 짐 정리를 하지 못하여 지갑, 세면도구며 입을 옷까지 그 안에 몽땅 들어 있으

니 어쩔 도리가 없었다. 새벽부터 일을 벌여 놓은 것에 대한 미안함이 너무 표가 났는지 호스텔 주인 아저씨는 몇 군데 상처가 나 있는 호스텔 앞 돌길을 보여 주면서 너처럼 조기 치매로 고생한 여행객들이 이미 여럿 있었다며 나를 달랬다. 창피해 아침을 먹는 둥 마는 둥 하고 얼른 나와버렸다. 레팀노에서 가장 유명한 관광 명소인 리몬디 분수(Rimondi Fountain)로 발걸음을 재촉했다.

레팀노 시내 한가운데 위치한 리몬디 분수에 와 보니 졸졸 흘러내리는 물줄기가 시원찮은 것이 분수라기보다는 간이 식수대 같았다. 이미 로마의 트레비 분수를 실제로 보고 서울에 있는 모 놀이공원의 레플리카와 별다를 바 없다는 것에 실망한 적이 있었지만 이건 좀 심하다. 분수라는 이름이 과할 정도다. 하지만 분수 옆이 레

팀노에서 가장 번화한 광장이기 때문에 이곳을 지표 삼아 돌아다니기에는 편하다.

길 따라 끝없이 펼쳐 놓은 장신구 상인들이 나지막이 "헬로-" 하며 부른다. 어떤 가게도 같은 물건이 없어 앞으로 나아가는 속도가 더디다. 보통 손재주로는 땋을 수 없는 멋진 문양의 실 팔찌를 파는 매대에서 친구들 손목에 채워 줄 기념품을 몇 개 골랐다.

"그리스 사람들은 원래 이렇게 손재주가 좋아요?"

"네."

"……."

　여태껏 여행한 그리스 섬들에서 이렇게 직접 자기가 만들고, 그리고 빚었다는 물건들을 판매하는 그리스 사람들을 많이 보아왔기에 궁금했던 점이다. 무언가를 부지런히 만들어 내고 있던 도자기 상점 주인에게 이렇게 물었더니 아무 망설임 없이, 그리고 한 톨의 오만함 없이 당연한 듯 돌아오는 대답에 할 말을 잃는다. 그렇구나. 그렇다. 그리스 사람들은 정말 손재주가 좋다. 크레탄들은 더욱더 그렇다.

　그리스 신화에서는 제우스의 수행원이었던 쿠레테스(Couretes)가 크레테 단도를 발명한 사람이라 쓰여 있다. 직물 제품 못지않게 자주 보이는 것이 바로 크레테 단도이다. 전쟁과 침입이 워낙 많았던 역사였기에 크레테의 단도는 한때 모든 크레탄들이 꼭 가지고 다녀야 하는 소지품이었다고 한다. 각각의 크기와 무늬, 재료가 다르고 한참 쳐다보고 있으면 새겨진 무늬에 대한 설명이 어딘가에서 냉큼 달려온 주인으로부터 술술 흘러나온다. 크레탄들의 자부심이 가장 강하게 느껴지는 물건이라 할 수 있다. 하지만 칼이나 테이블보는 역시 구경으로만 끝나고, 다시 나타난 실 팔찌 매대로 돌아가 몇 개를 더 사고야 말았다.

레팀노에서 버스로 한 시간 반 정도 가면 나오는 카니아(Chania)는 크레테에서 가장 관광객들이 많이 몰리는 도시이다. 아름다운 항구의 그 자태와 정말 오랜만에 무선 인터넷이 시원하게 터지는 대형 커피 전문점이 보인다는 것만으로도 레팀노보다 훨씬 더 개발되었음을 알 수 있다. 하지만 카니아에 관광객들이 더 많고 이곳이 더 개발되었다 하여 크레테만의 거칠고 야생적인 분위기가 덜 하다는 것은 절대 아니다.

항구 앞에 서 있던 마차를 타고 울퉁불퉁한 길로만 돌며 시내를 돌아보았다. 도자기를 빚어 판매하는 큰 가마가 있는 상점이 항구 앞에 있다. 이 항구 부근에는 또 그릭 샐러드를 파는 곳이 정말 많았다. 그리스 음식이야 모두 건강에 좋기로 알려져 있지만 그중 몸이 아픈 사람들도 치유 목적으로 시도한다는 크레

탄 다이어트(Cretan diet)는 1,500여 가지가 넘는 야생 꽃과 나무들 등 천연 식재료가 풍부한 크레테의 장점을 십분 살린 구성을 자랑한다. 유네스코(UNESCO)의 최초 음식 무형 문화재이기도 하다. 지금까지도 지중해 사람들의 건강 유지 비법 1순위로 꼽히는 크레탄 요리에 기대가 무척 컸는데, 크레테 그릭 샐러드의 맛은 나의 높디 높은 기대를 훌쩍 뛰어넘었다.

특별한 재료가 들어가는 것도 아닌데 앉은 자리에서 몇 접시라도 비울 수 있는 크레테 그릭 샐러드의 비결은 오염되지 않은 깨끗한 크레테의 땅에서 나는 것들을 계절에 따라 거두어 깍뚝 썰어 한데 넣고 올리브 오일을 아낌없이 뿌리는 것이다. 페타 치즈, 올리브, 그릭 샐러드에 들어가는 재료 중 신선하지 않은 것이 없고 모두 그 지역에서 나는 재료를 사용한다. 산토리니에서부터 본격적으로 맛을 들이기 시작한 토마토! 토마토를 잘 먹지 않던 내가 "달콤해, 달콤해!"를 연발하며 "토마토 많이요~"라고 주문 뒤에 꼭 덧붙이도록 만들었을 정도로 재료의 신선도는 세계 최고라 할 수 있다. 그러나 무엇보다도 크레테의 그릭 샐러드가 그리스에서도 가장 훌륭하다 일컬어지는 이유는 바로 질 좋은 올리브 오일이다.

올리브 오일 무역의 선구자이며 세계 올리브 오일

생산국 3등(가장 품질이 좋은 엑스트라 버진 올리브 오일로만 보면 전체 생산의 75%를
그리스가 담당한다)답게 그리스는 올리브 오일 생산에 대한 기준이 까다롭고, 그중
에서도 크레테산 올리브 오일은 눈을 가리고 시음하는 세계적인 블라인드 테이스
팅 경연에서 수없이 금메달을 따 오는 생명의 정수, 액체로 된 황금, 신의 선물이
라 불리는 크레테 최고의 자랑거리이다. 크레탄 1명당 500그루의 올리브 나무가
크레테에서 자라고 있다고 한다. 이렇게 그 수가 엄청나게 많아서 아낌없이 사용
하는 것인지는 몰라도 그릭 샐러드 한 접시에 오일을 얼마나 듬뿍 뿌려 주는지 미
국인들에 비해 그리스인들의 평균 지방 섭취가 세 배는 더 많다는 사실이 이해가
된다.

　전 일정 중 그릭 샐러드가 가장 맛있는 섬이었지만 그릭 샐러드를 한 번 쉬어 보고 저녁으로는 또 다른 메뉴, 크레세 별식인 다코스(Dakos)를 먹어보기로 했다. 메뉴는 많고 시간 제한은 크레테를 떠나는 내일 모레까지니 왜 사람은 하루 세 끼만 먹게 되었는지 별걸 다 탓하게 된다. 1일 1식이라는 도저히 수용할 수 없는 건강 트렌드는 평생 시도해 보지 못하겠지.

　아직 해가 높은 오후 다섯 시, 이름처럼 실한 레몬들이 정원을 메운 나무에 주렁주렁 매달려 있는, 1세기가 넘도록 성업 중인 크레테 전통 음식 전문점 레모노키포스(Lemonokipos: 레몬 나무 정원)의 첫 저녁 식사 손님으로 입장했다.

　다코스는 사용하는 재료는 그릭 샐러드와 비슷하나 만드는 방식이 조금 다르

다. 단단한 빵 러스크(Rusk)에 물을 조금 뿌려 젖게 한 후 그 위에 토마토, 페타 치
즈와 올리브 오일을 올리는 것이다. 물에 살짝 젖었어도 여전히 딱딱한 러스크를
깨물어 먹느라 오독오독 소리를 내며 맛있게 식사를 하니 식당 사람들이 무척이
나 흐뭇해한다. 그리스에서 식사를 할 때마다 한국과 굉장히 비슷하다는 생각을
하게 된다. 손님을 반가워하는 모습이며, 맛있게 먹는 손님들에게 뿌듯함을 숨기
지 않는 그리스 식당 사람들. 손님들 역시 한 사람당 한 접시를 시키는 것이 아니
라 한 테이블당으로 주문을 하는 편이 훨씬 많아, 여럿이서 테이블 한가운데에 여
러 음식을 놓고 다 같이 덜어 나누어 먹는다. 많이 시켜서 남기는 것도 미덕이라
여기는 것도 한국과 꼭 같다. 계산하는 모습은 보지 않아 모르지만 듣기로는 '오

늘은 내가, 내일은 네가'의 식으로 우리네처럼 번갈아 사는 편이 더 많다고 한다.

어디로 여행을 가도 동이 틀 때부터 돌아다니고, 짐도 한가득에, 씩씩하게 뻗는 특유의 걸음걸이 때문에 언제나 하루를 녹초가 되어 마감하는데, 그리스에서만큼은 하루도 체력이 바닥나는 일이 없었다. 하지만 운동도 안하고 종일 밖에서 놀고 들어오면서 한두 시간 간격으로 정말 '먹기 위해' 카페, 타베르나, 레스토랑을 들락날락하였으니 체중이 늘지 않고는 못 배긴다. 도시를 벗어나 섬들을 여행하며 건강한 그리스 음식들로 다이어트도 하고 체력도 키워 오는 것이 이번 여행의 취지였건만. 건강한 그리스 음식들을 먹고 있기는 하지만 이렇게나 많이, 열심히 먹어서 되레 살이 찌는 함정에 빠질 줄이야⋯⋯.

그래, 다 먹고살자고 하는 짓인데 뭐.

Feeling Blue
One Morning

아침부터 마음이 아팠던 하루였다. 짐 꾸려 떠나 오면 반사적으로 긍정 에너지가 무한 발산되는데, 유독 티 없이 맑은 하늘이 빛나는 날이었지만 마음이 쩡하게 아려 왔던 느낌으로만 기억되는 하루였다.

언제나처럼 일찍 일어나 시내로 나왔는데 여자 아이 하나가 큰 비닐 봉지를 하나 들고 쪼그려 앉는 것이 보였다. 때가 낀 고사리 손으로 봉지에서 반 이상 깨지고 찌그러진 아코디언을 무거운 듯 천천히 꺼내고 봉지를 깔고 앉아 언제나처럼인 듯 감흥 없는 표정으로 자리를 잡는다. 거리 공연을 하는 어린 버스커라 하기엔 차림이 너무나 꾀죄죄하다. 흐리멍텅한 눈빛에, 얼굴에 땟국물이 흐르는 것이

여행을 떠날 땐 비행기 이륙과 동시에 그동안 한국에서 사회생활을 하며,
사람들을 부대끼며 이중 삼중으로 쳐 놓았던 방어막이며
감정을 차단했던 장치들을 모두 해제한다.
그리고는 여행을 하며 해먹이 물을 빨아들이듯
좋은 기분과 좋은 사람들과 기분 좋은 실수들까지,
어떻게 보아도 좋기만 한 것들을 남김없이 쪼옥 흡수한다.
가끔 함께 빨려 들어오는 먹먹함에 이렇게 무방비로 슬퍼질 때도
분명 있음은 어찌할 수 없다.

며칠은 안 씻은 듯하다. 흐트러진 땋은 머리를 아무렇게나 넘기며 아코디언을 잡는 작은 손이 자기 가는 곳을 보지도 않고 아코디언을 마구 접었다 폈다 하며 소음을 만들어냈다. 지나가는 사람들이 동전을 떨구어 줄 작은 바구니 하나를 앞에 두고 그렇게 연주를 한 지 1분도 안 되었을까, 가게 앞에 앉아 있으니 당연히 주인이 나와 아이를 쫓아낸다. 보아하니 하루 이틀 와서 연주하는 것이 아닌 것 같다. 겁을 먹거나 놀란 기색도 없이, 아이는 주워 왔음이 분명한 아코디언을 주섬주섬 구멍이 조금씩 난 헌 비닐봉지에 넣고, 옆에 놓았던 작은 풍선 장난감도 바구니와 함께 챙겨 들고 오늘 기분이 괜찮아 쫓아 내지 않을 사람이 있을 거리를 찾아 어디론가 사라졌다. '영차' 하고 일어나며 자기 몸만 한 아코디언을 들기 위해 잠시 뒤로 휘청 할 때 '앗' 하고 작게 소리 낸 것 말고는 아이가 처음 자리를 깔고 앉았을 때부터 떠날 때까지 나는 아무것도 하지 못하고 발이 땅에 붙은 듯 움직일 수 없었다.

미안함도, 안타까움도 아닌 내가 아는 언어로는 표현할 수 없는 음(–)한 기분이 눌러옴을 갑자기 느꼈다. 길 떠나 오면 이런 '갑자기'가 많다. 갑자기 만나게 되는 인연, 갑자기 들이닥치는 불운, 행운, 그리고 어떻다 할 사건보다도 순간 떠오르는 생각과 글귀, 누군가의 얼굴과 들려 오는 목소리, 밀려 오는 감정들이 갑자기 등장한다. '표현할 수 없는'이란 진부한 구절을 지겹게도 갖다 붙일 수밖에 없어 부끄럽기만 한 어휘력을 탓하게 되는 너무 많은 갑작스러운 여러 가지들.

하지만 마음껏 우울할 수 있는 것도 오로지 여행할 때뿐이다. 그래서 여행 중에는 오는 감정 막지 않고 가는 감정 잡지 않는다. 자유롭게 생각하고 느끼고 이를 표현하고 인정할 수 있는 유일한 시간이기 때문이다. 볼 때마다 마음이 저린 사진 한 컷을 담을 수 있는 것도, 책으로 남을 생각이 문득 떠올라 기록할 수 있는 것도, 평생 친구가 될 낯선 이를 만날 수 있는 것도, 풋풋한 설렘이 평생의 사랑으로 짙어질 수 있는 것도, 떠나오며 완전 해제시키는 감정의 장벽의 부재 덕분이다.

한참이 지나고 나서야 몇 푼 안 되어도 뭐라도 손에 쥐어 줄 걸, 하는 생각과 그 뒤를 이어 얼마를 주었어도 받아 들고 별로 좋아할 것 같지 않을 초점 잃은 눈을 보았을 것 같다는 생각이 들어 마음이 무거웠다.

베르나두 가(Vernardou) 민속 & 역사 박물관 옆에 위치한 오래된 베이커리를 지나치다가 살짝 열려 있던 문 틈새로 보이는 할아버지 파티세리의 모습에 마음이 조금 풀렸다. 그리스 디저트에 빠지지 않고 들어가는 필로 페이스트리를 만드는 곳이다. 지지직거리는 라디오에서 나오는 노래를 따라 흥얼거리며 할머니와 함께 반죽을 치대는 할아버지를 한참 구경하다 방금 구워 낸 빵도 하나 받아 먹고, 답 없는 우울한 오전에 마침표를 찍어 버렸다.

읽어 보지 않았어도 언젠가 제목은 한번쯤 들어 본 적 있을 그리스의 대문호 카잔차키스의 대표작 『그리스인 조르바』. 삶에 대한 열정으로 가득한 자유로운 영혼 조르바를 창조해 낸 카잔차키스의 무덤은 그가 나고 자란 곳, 크레테의 수도 이라클리온(Heraklion)에 있다. 긴 크레테 섬의 정 중앙에 레팀노가 있으니 이라클리온으로 가기 위해 어제와는 반대 방향으로 버스를 탄다. 고속도로라고 닦아 놓았지만 양 옆 길은 야생 숲이라 할 정도로 나무가 울창하여 돌아오는 버스를 절대 놓치면 안되겠다는 공포감을 불러 일으킨다. 티끌 하나 없는 크레테의 자연은 위압적이다.

모차르트는 8세 때 첫 심포니를 작곡하였고, 아인슈타인은 26살 때 상대성 이론을 완성했다. 위대한 인물들의 업적과 그들이 언제 이러한 일들을 해냈는지를 알게 되었을때 솟구치는 경외감의 무게는 나이가 들수록 그것이 불러 일으키는

영감과 함께 몇 g 정도의 부담을 조금씩 수반한다. 심포니를 작곡하고 과학의 역사에 한 획을 그을 이론을 정립하고 싶은 것은 아니지만 어떤 자리에서 무슨 일을 하건 나이에 대한 부담이 특히 심한 사회의 일원이기에 누군가의 업적 앞에서 무조건적인 존경이 아닌 약간의 조바심이 함께 생겨 나는 것은 피할 수 없다. 그러나 인간이 다른 인간에게 줄 수 있는 경외보다 갑절로 큰 자연의 위대함은 그 누구의 어깨도 누르지 않는다. 무한한 영감과 새로 거듭나는 듯한 기분이 샘솟는다.

카잔차키스의 무덤은 엄밀히 말하면 이라클리온 밖에 있다. 1953년 『그리스도 최후의 유혹』을 쓰고 그리스 정교회에서 파문 당하였기 때문에 작가는 사망 후에도 고향 땅에 묻히지 못하고 교외에 묻혔다. 지금은 고향 사람들에게 생전에는 받지 못했던 존경과 사랑을 아낌없이 받고 있다. 이라클리온 시내에 흉상이 세워져 있고 크레테 공항에도 그의 이름을 붙여 주었다.

얇고 긴 나무 십자가 하나만을 꽂아 둔 소박한 카잔차키스의 묘에는 '나는 아무것도 바라지 않는다. 나는 아무것도 두려워하지 않는다. 나는 자유롭다.'라는 글귀가 새겨져 있다. 이 짧막한 묘비명을 보러 하루에도 수많은 사람들이 이곳을 찾는다. 블로그 등에서 많이 보아 익숙한 묘비인데도 막상 이 앞에 서니 훌륭한 사람의 멋진 마지막 말이라고만 생각해 왔던 것과는 다른 기분이다. 나는 여전히 바라는 것도 있고 두려워하는 것도 많아 참 자유롭지 못한데, 마지막 숨을 몰아쉴 때가 되면 진정 자유로울 수 있을까, 하는 생각이 들지 않을 수 없다. 한 발자국 물러나 묘비를 찾은 다른 사람들의 얼굴을 보니 같은 생각이 많은 사람들을 감싸 안고, 그것이 각기 조금씩 다른 의미로 이들을 흔들고 있음이 보인다. 카잔차키스는 내가 필요했던 만큼의 강도로 나를 꼭 붙잡고 흔들었다.

겨우 일정의 반인 2주 남짓 한 시간이 흐른 것이지만 처음 아테네 공항에 내렸

사람은 누구나 어느 정도의 광기를 필요로 한다.
그렇지 않으면 줄을 끊고 자유로울 용기를 내지 못한다.

니코스 카잔차키스 Nikos Kazantzakis (1883-1957)

을 때보다 훨씬 더 많은 것을 내려놓았음을, 섬에서 섬으로 옮겨 가며 바다에 미련 없이 던져 버린 짐이 많았음을 알 수 있었다. 뒤돌아보지 말고 앞으로만 가라는 격려성의 반 강제적인 멘트들이 난무하는 세상에서, 너무 자주만 아니라면 이따금씩 뒤를 돌아볼 필요가 있다. 돼지 저금통을 가끔 들어 보고는 묵직해진 놈의 무게에 흐뭇해하며 더 열심히 동전을 모으듯 여태껏 이만큼 왔구나, 얼마만큼 해냈구나 하는 긍정적인 돌아봄은 여행 중이건 여행 중이 아니건 언제나 힘이 된다. 물리적인 여유가 생기는 여행 중에서야 생각이 나 비로소 돌아본다는 것이 아쉽지만 말이다. 요즘 사람들은 채찍질을 더 세게 하는 법에 대해서는 계속해서 이야기하면서 스스로에게 당근을 주어야 하는 이유와 방법은 말하지 않는 것 같다. 격려가 필요할 때가 오면 상상으로라도 카잔차키스의 무덤 앞에 서 보는 연습을 해 봐야지.

많은 그리스, 로마 신화 이야기들이 크레테를 배경으로 한다. 크레테는 다이달로스(Daedalos)와 이카루스(Icarus)가 하늘을 날아 보기 위해 왁스로 날개를 만들던 곳이다. 그리스 신들의 왕 제우스(Zeus)가 황소로 변하여 아름다운 소녀 에우로페를 납치해 온 곳도 여기 크레테이다. 이때 제우스가 변했던 황소의 모습에서 황소자리 별자리가 생겨났다고도 한다. 심심풀이 별자리를 즐겨 읽는 황소자리인 나의 지대한 관심을 끌었음은 당연하다. 별을 보고 내일 무슨 일이 있을지 점쳐 보는 것은 다른 방법으로 미래를 예견해 보는 것보다 훨씬 낭만적이다. 이유가 무엇이든 근거가 있든 없든, 하루 한 번씩 밤하늘을 올려다보게 만드는 것이라면 뭐라도 좋다. 심심풀이 땅콩 수준의 가벼운 전설이나 이야기들은 뭐 하나라도 더 알고 싶은 호기심을 적절히 충족시켜 준다.

크레테에 꼭 와 보고 싶었던 수많은 이유들 중 하나가 바로 크노소스 궁이었다. 재기를 부려 길을 잃었다가도 용케 출구를 찾아 나오는 식의 이야기라면 옛날 고려장 이야기도, 그림 형제의 헨젤과 그레텔도 있지만 크노소스 궁에서 반은 인간, 반은 황소인 미노타우로스를 무찌르고 실타래를 이용하여 탈출했던 테세우스의 이야기가 더 흥미로왔다. 반인반수의 악당이 있어서 그런지 더욱 신비롭고 흥미진진하다. 그리스 섬들 중 최남단에 위치한 크레테를 일정에서 절대 빼지 못하였던 이유도 바로 테세우스가 실타래를 풀어 헤치며 뛰어 다녔던 크노소스가 있었기 때문이다.

이라클리온에서 크노소스로 출발할 때쯤 비가 부슬부슬 내리기 시작하더니, 도착했을 땐 우산이 필요할 정도로 빗방울이 거세어졌다. 편한 옷을 입고 온 것을 다행히 여기며 후드를 뒤집어 쓰고 얼른 궁터로 들어섰다. 비를 맞아 촉촉해진 크노소스의 공기는 흙 내음을 더욱 진하게 뿜어내어, 4천 년 전 처음 건조되었을 적의 모습을 상상하는 것이 더욱 쉬웠다. B.C. 1700년에 완성되었다지만 견뎌 온 세월의 풍파는 가늠조차 할 수 없는 잘 보존된 모습이다. 솜씨 좋게 그려 놓은 벽화며 크노소스 특유의 붉은 색 건축물들을 감상해야 했건만 나는 어두워 보이지 않는 가장 안쪽 구석까지 고개를 이리저리 비틀며 지하의 1,300여 개의 방으로 이루어진 미궁 어느 길로 테세우스가 실타래를 풀어 던지며 괴물을 잡으러 뛰어 다녔을까를 상상했다.

돌아오는 길에서도 역시 내내 버스 차창 밖의 풍경을 구경하였는데, 수십 미터 간격으로 작은 십자가들이 말뚝처럼 박혀 있었다. 버스 안의 사람들은 십자가를 볼 때 성호를 가만히 긋기도 하고 눈을 감고 기도를 하기도 하였다. 사실 그리스에 도착하고부터 계속 보아 오던 길거리의 작은 십자가들이 무엇인지 궁금한지가 좀

되었다. 옆 좌석에 앉은 아주머니에게 조심스레 물었다.

"길에 왜 이렇게 십자가가 많나요?"

"아, 도로에서 사고로 죽은 사람들을 기리기 위한 십자가예요."

"가족들이 세워 주나요?"

"대부분은 가족들이 세워 주고… 가족이 없거나 달리 세워 줄 사람이 없는 경
우엔 나라에서 세워 주기도 하고."

어쩐지 험한 길 또는 커브에 유난히 더 많이 보였더랬다. 십자가들의 정체를 알고 난 다음부터는 나도 이를 볼 때마다 속으로 조그맣게 '평안히 쉬기를'이라 말하게 되었다. 언제 어떤 사고로 목숨을 잃은 누구인지는 모르지만 버스를 타고 오가는 길에 조그맣게 성호를 그어주는 크레탄들이 있어 가는 길이 덜 서러웠을 것이다. 통제가 되지 않는 자유로운 집시 같은 조르바는 아직도 보지 못하였다. 따뜻한 그리스 사람들의 모습들을 자꾸만 발견하게 될 뿐이다.

하루 중 해가 지는 모습을 보는 것은 의외로 그리 쉽지가 않다. 딱히 일정이 빡빡하다 생각하지는 않았는데 '어느새 해가 졌네?' 하게 되는 날들이 많아, 이번 여행 전 '잘 먹고 푹 자자'와 같은 맥락으로 다짐했던 것이 음악도 칵테일도 책도 휴대폰도 아무것도 없이 온전히 해가 지는 시간을 꼭 매일 감상하자는 것이었다. 그리고 크레테 석양을 보았던 해변 승마가, 산토리니에서의 석양보다 훨씬 더 좋았다. 원래는 속보

과 산책을 번갈아하며 해지는 모습을 편히 감상하는 편한 코스였는데, 정말 신나게 달릴 수 있었던 반전이 크레테 승마의 손을 들게 한다. 나를 포함하여 어린 딸과 단둘이 여행을 온 모녀까지 일행이 셋밖에 없어서 가이드 아저씨가 굉장

히 세심하게 챙기며 말을 타도록 해 주었는데, 우리 셋의 마음이 맞아 '구보고 산책이고 필요 없고 달립시다!' 해버렸다.

크레테의 말들은 그리스 다른 지역의 말들과

는 조금 다르다. 미노스 시대 이전부터 존재했다는 유럽에서 가장 오래된 종 크레테 말 메사라(Messara)는 지금은 얼마 남지 않아 특별한 관리 법으로 보호받는 종이다. 메사라 말들은 걸음걸이가 남달리 곧아 승마에 적합하다고, 물이 가득 든 컵을 들고 메사라를 타면 한 방울도 쏟지 않는다고 한다.

점점 더 붉어지는 크레테 하늘 아래에서 물에 젖어 단단한 해변의 흙을 힘껏 박차며 두 시간 내내 달렸다. 빠르게 걸을 때는 허벅지 안쪽에 힘을 바짝 주고 조여 허리를 꼿꼿이 세워 앉아야 하니 오히려 내달리는 것이 덜 힘들다. 바다에 조금 더 가까이 붙어 달릴 때면 말굽에 채여 사방으로 튀는 짠 바닷물을 닦아 내며 해변 승마의 묘미를 만끽할 수 있다. 시선을 저 멀리 두고 달리면 마치 내가 물 위를 뛰어다니는 것만 같다. 휘날리는 말의 갈기를 몇 장 찍어 볼까 하여 잠깐 속도를 늦추었던 것 말고는 내내 소리를 지르며 미친 듯이 내달리는 박진감 넘치는 발구름이었다.

힘차게 튀어 나가는 모래가 맨 다리에 조금 아플 정도로 빠르게 달리고 있는 말은 오늘 처음 만난 사이인데도 온몸을 맡겨 버렸다. '너 하고 싶은 대로 달려라!' 하는 마음으로, 겁도 없이 고개를 젖혀 빠르게 지나가는 오렌지빛 하늘이 얼굴에 쏟아지기라도 할 것 같아 받아 내어 보려는 듯 하늘에 최대한 가까이 얼굴을 들이댄다.

어둡고 무거운 푸르름으로 시작했던 아침이 타는 듯 강렬한 붉은 빛의 저녁이 되었다.

숙소로 돌아가는 길, 여러 번 길 위에서 마주치는 십자가들을 보며 스러진 넋들을 위로하였다.

점점 더 붉어지는 크레테 하늘 아래에서
물에 젖어 단단한 해변의 흙을 힘껏 박차며 달렸다.

오렌지빛 하늘이 얼굴에 쏟아지기라도 할 것 같아
받아 내어 보려는 듯 하늘에 최대한 가까이, 더 가까이

SLEEP

유스호스텔 레팀노
Youth Hostel Rethymno

낮에 도착한다면 찾는 것이 그리 어렵지 않은, 크레테에서 손꼽히는 호스텔. 친절하고 깔끔한 서비스와 호스텔이 꽤 커서 쉽게 친구를 사귈 수 있다는 점에서 좋다. 다른 섬들보다 유독 개성 강한 크레테에 주눅들지 않고 잘 적응할 수 있도록 도와 준다.

41 Tobazi, Rethymno 74100
+30 28310 22848
http://www.yhrethymno.com
info@yhrethymno.com

베네토 호텔
Veneto Hotel

이름에서 풍겨지듯 베네치아 시대 궁을 호텔로 개조한 것이다. 궁 건물을 호텔로 개조한 것 중 최고로 꼽히는 베네토 호텔은 6개의 스튜디오 룸과 네 개의 스위트로 구성되어 그리 크지는 않으나 아늑하고 고풍스러운 멋이 매력 만점이다. 레스토랑에 특별히 신경을 더 쓰고 있어 식사만 하러 오는 사람들도 많다.

4 Epimenidou, Rethymno 74100
+30 28310 56634
693 2237620, 693 4943640
http://www.veneto.gr
info@veneto.gr

라토 부티크 호텔
Lato Boutique Hotel

크레테와 다소 어울리지 않을 수 있는 모던하고 세련된, 크레테 최초의 부티크 호텔이다. 미니멀한 디자인이 바깥과 괴리감을 줄 수 있지만 그런 매력에 찾는 사람들도 있다. 객실 수도 53개나 되어 꽤 북적이는 곳이다.

15 Epimenidou, Heraklion 71202
+30 28102 28103
http://www.lato.gr
info@lato.gr

EAT

레모노키포스
Lemonokipos

지중해식 요리로 동네 사람들과 관광객들에게 모두 인기 있는 레스토랑. 정원을 가득 메운 레몬트리의 향긋한 내음이 입맛을 더욱 돋워 준다. 가정식으로 푸짐하고 정성스럽게 만드는 요리들은 모두 추천할 만하다. 크레탄 요리의 정수를 맛보고 싶다면 꼭 찾아보도록 추천한다.

100 Ethnikis Antistaseos, Rethymno 74100
월-토요일 11:00~00:00 / 일요일 12:00~00:00
+30 28310 57087
http://www.lemontreegarden.com
http://lemonokipos.com
golfpapa@otenet.gr

아블리
AVLI

정돈되지 않은 매력의 크레테 거리와 사뭇 다른, 예쁘게 단장한 분위기의 아블리는 기분을 내고 싶다면 찾아야 할 특별한 레스토랑이다. 크레테 전통 메뉴들을 조금씩 변형하여 누구에게나 맛있을 요리를 선보인다.

16 Radamanthios Street, Rehmynon, Crete
+30 28310 26213
http://www.avli.gr

TOURIST SPOTS/ACTIVITIES

니코스 카잔차키스의 무덤
Tafos Kazantzaki

마르티넹고 요새(Martinengo Bastion)의 벽을 따라 이라클리온 시내에서부터 남쪽으로 쭉 걷다 보면 1시간 조금 되지 않아 나타나는 카잔타키스의 무덤은 더 이상 설명이 필요 없는 그리스를 대표하는 문호이다. 무덤 말고 주변 풍경을 구경할 것이 딱히 없지만 이동하는 내내 시내 곳곳을 자세히 돌아볼 수 있다.

Martinengo Bastion, Heraklion 71202

크노소스 궁
Knossos

미노스 문명의 대표적인 유적. 미노스인들의 독특하고 개성 있는 건축 양식에 감탄하며 금방이라도 테세우스가 뛰쳐 나올 것만 같은 잘 보존된 궁과 궁터를 둘러볼 수 있다.

이라클리온에서 버스 #2를 타고 25th Augustou Avenue에 내려 바로 보이는 크노소스 표지판을 따라 입장한다.

Knossos Road, Heraklion 71409
+30 28102 31940
http://www.heraklion.gr/en/city/knossos/knossos.html
하계 월-일요일 8:00~20:00
　동계 월-일요일 8:00~17:00

베네치아 항구
Venetian Harbour

크레테 북서부의 카니아의 대표적인 명소인 베네치아 항구. 이름에서 유추할 수 있듯, 1252년 베네치아인이 고대 키도니아의 아크로폴리스에 건설한 것이라 한다. 17세기에 투르크인에게 정복당할 때까지 번창했던 농산물 수출항이었으며 지금은 이 항구의 멋진 경치 덕분에 많은 레스토랑과 카페가 성업하고 있다. Halidon Street을 따라 Eleftherios Venizelos Square까지 다다르면 등대가 있는 항구의 모습이 눈앞에 펼쳐진다.

조라이다의 승마장
Zoraïda's Hors e Riding

해변 승마 프로그램이 가장 유명하지만 시즌에 맞추어 미니 사파리, 초보자 산책 등 여러 가지 프로그램을 운영하고 있다. 크레테 서쪽, 레팀노와 카니아 사이에 위치하고 있으며 이용자의 수준에 맞추어 친절하고 자세한 승마를 안내한다. 영어·독어·프랑스어·네덜란

드어가 가능하여 다국적 손님들이 찾는 인기 있는 곳이다. 크레테 승마를 경험해 보고 싶다면 홈페이지에서 프로그램을 자세히 살펴보고 이메일로 이동이나 픽업 등 세부 사항을 상담하는 것을 추천한다.

Georgioupolis, Chania 73007
+30 28250 61745
http://www.zoraidas-horseriding.com
zoraidahorses@hotmail.com

실버호스
Silverhorse

화려한 색감과 다양한 무늬로 유명한 크레테의 직물이나 레이스는 고대부터 크레테에서만 전해 오던 특별한 손 기술로 만들어지는 것이라 한다. 정성 들여 손수 만든 노오란 병아리색 테이블보가 계속 눈에 들어온다. 레팀노에는 공장에서 찍어 낸 것들과는 차원이 다른 포근함이 느껴지는 수제품들이 가득한 상점들이 많다.

Radamanthios 6, Old Town, Rethymno, Crete, Greece
+30 6989 527 899
http://www.rethymnoguide.com/silverhorse
silverhorse@mail.gr

디크티나 트래블
DIKTYNNA TRAVEL

혼자 알아보고 다니기 귀찮고 힘들다! 넓고 황량한 크레테의 길을 이동하기에 버스 시간표를 매번 확인하거나 자동차를 렌트할 여건이 안 되어 투어 가이드를 원한다면 크레테 곳곳의

투어 프로그램을 마련해 운영하는 디크티나 여행사를 이용해보자.

6 Archontaki Street, Chania 73007
+30 28210 41458
http://www.diktynna-travel.gr

TRANSPORTATION

아직은 페리로 이동하는 것이 가장 보편적이지만 교통 인프라를 급격하게 발전시키고 있기 때문에 크레테에서 주변 섬과 수도 아테네가 있는 대륙으로 이동하는 것이 점점 더 수월해질 것이다.

항공
Flight

비행기로 아테네에서 크레테로 이동한다면 보통 이라클리온 공항(International Airport Nikos Kazantzakis, www.heraklion-airport.info) 또는 카니아 공항(International Chania Airport, www.chania-airport.com)에 도착하게 된다. 더 많은 비행편을 수용하는 이라클리온에서는 카니아, 레팀노, 크노소스로 이동하는 버스가 더 자주 있어 비행기로 크레테를 찾는다면 이라클리온으로 도착하는 편이 이동하기 수월하다.
크레테 공항들의 공식 웹사이트가 없어 가장 인기 있는 비공식 웹사이트 주소를 안내하였다.

버스
Bus

세 개의 대표적인 도시 외에도 크레테 곳곳으로 이동하는 버스들이 있으니 고민 없이 크레테 섬의 다른 곳들을 여행해볼 수 있다.

크레테 내 버스 시간표/지도 정보 미리 보기 : http://www.bus-service-crete-ktel.com

페리
Ferry

다른 섬에서 크레테로 오는 편은 페리가 가장 편하지만 아테네에서 바로 이동하는 경우(혹은 다른 섬 → 아테네 → 크레테) 탑승 시간이 길기 때문에 밤 사이 이동하는 것이 아니라면 비행을 추천한다. 이라클리온과 카니아 항구로 도착하는 그리스 전역에서 오는 페리들의 스케줄과 가격은 다음의 대표적인 그리스 페리 회사 웹사이트를 통해 알아볼 수 있다. 매일 페리가 있는 것이 아니고 날씨에 따라 급작스러운 변경이 있을 수 있으니 일정을 짤 때도 배가 있는 요일을 미리 알아보자.

자동차
Car

크레테는 크다. 이라클리온에서 카니아로 택시를 타고 달리면 200유로 정도를 지불하고 2시간을 달려야 하니 편히 이동하고 싶다면(길은 반듯하게 닦이지 않아도 여름에는 에어컨이 시원하게 나오는 버스가 불편하지는 않다) 차라리 자동차를 렌트하는 편이 낫다. 비성수기일 때는 택시 한 대를 잡아 타는 것이 꽤 걸리기도 하고, 바가지를 쓸 위험이 있어 타기 전에 미리 요금을 대강 협상하고 타는 편이 좋다.

크레테 렌트카: 헤르츠 Hertz (www.hertz.com), 아비스 Avis (avis.com), 유로카 Eurocar (eurocar.gr)

섬 5

스키아토스

...

Σκιάθος

SKIATHOS

스키아토스

- 지상 낙원이라는 별칭이 가장 잘 어울리는 그림 같은 섬.

- 스포라데스 섬들 중 유일하게 작지만 공항을 가지고 있어, 스포라데스 제도의 입출구이자 제도를 대표하는 섬이라 할 수 있다. 그리고 이에 걸맞게 어찌나 모든 구석 모두 빼어나게 아름다운지!

- 영화 〈맘마미아〉 출연진이 그리스의 수많은 섬들을 답사한 후 최종적으로 이곳을 촬영지로 골랐다는 사실이 스키아토스의 미모를 단박에 가늠케 하는 지표이지만 그 어떤 자격증도 지표도 수치도 실제로 스키아토스를 오감으로 느끼는 것에 견줄 수 없다. 영화로 전 세계 사람들에게 이름을 알렸지만 사실 유러피안들의 인기 있는 여름 휴양지로 낙점된 지는 이미 오래다.

위　　치	북 스포라데스 섬들 중 가장 서쪽
경 위 도	39°10′N 23°29′E
면　　적	49.898km²
인　　구	6,088명(2011)
홈페이지	http://www.skiathos.gov.gr

맘마미아,
청운낙수_{靑雲落水}의 낙원

스키아토스는 케팔로니아와 마찬가지로 아테네를 거쳐 경비행기로 찾아가야 하는 작은 섬이다. 크레테에서 아테네행 밤 보트를 타기로 일정을 짜 두었는데, 이 때문에 크레테에서의 마지막 날은 도시 곳곳에 위치한 크고 작은 여행사 사무소들을 찾아 오늘 아테네행 밤 보트가 출항하는지를 수없이 물으면서 보내야 했다.

"요즘 메인랜드(Mainland)는 참 시끄러운데. 폭동이 종종 일어나 보트가 출발할지 취항이 취소가 될지 모르겠어요."

제주도에서 내륙을 '육지'라 하는 것처럼 크레테 사람들은 아테네를 육지라 부른다. 조용한 섬에서는 감히 상상할 수 없는 과격한 데모와 진압이 있었고 소소한 파업도 하루 걸러 일어나고 있었다. 이틀 전 표를 살 때만 해도 아무 얘기가 없었는데 오늘 저녁 예정된 데모가 있기 때문에 취소되지 않는 이상 배가 떠나지 않을 거라는 말이었다.

여행 중, 나의 실수 혹은 현지 상황 때문에 일정에 맞추어 돌아가지 못하는 상황이 생길 때면 발끝부터 저려 오는 야릇한 기분이 든다. '아예 확 가지 말아 버릴까' 하는 근거 없는 용감함과 돌아가자마자 해야 하는 일들이 소심한 새가슴으로 돌진하여 자아내는 두려움과 조바심, 책임을 물을 수 있는 누군가에 대한 분노, 그리고 예상치 못한 상황에서 오는 약간의 흥분과 사태를 수습하면서도 마음 한켠에 남는, 언젠가는 '오늘 비행기가 안 떠요.' 또는 '3일 동안 배가 출항할 일이 없겠는데요?' 라는 말에 "그럼 그냥 아주 여기 있어 버리지 뭐!" 하는 날이 오겠지 하는 아쉬움.

20대가 되고 처음 떠났던 동유럽 여행에서 몸살이 지독하게 걸려 앓다가 하마터면 환승 비행기를 놓칠 뻔했던 적이 있는데, 함께 여행했던 일행들과 그냥 프라하에 눌러앉아 버릴 걸 하고 꽤 구체적으로 이야기를 한 적이 있다. 도대체 무엇 때문에 양초 얘기가 나왔는지는 기억 나지 않지만 촛물 젓는 시늉을 하며 '여기서 관광객들 상대로 양초 장사라도 해서 먹고살면 설마 굶어 죽기야 하겠어?' 농담하던 것이 잊히지 않는다. 그때 만약 그렇게 장난스럽게 던진 말에 한국으로 돌아가지 않고 진짜로 뭐라도 하면서 남았다면 지금쯤 체코 영주권 신청을 하고 있었을 것이다.

하지만 그다음으로 떠났던 파리 여행이라든지, 해마다 몇 번씩 인천행 비행기

를 타면서 했던 허무맹랑한 상상들은 그 규모도 상상하는 시간도 주기도 하향 곡선을 그렸다. 아주 여행지에 눌러앉을 가능성은 해가 바뀌고 사회 생활에 익숙해져 어설픈 실수와 오해가 덜 자주 발생하게 됨에 따라 점점 더 줄어든다.

아직 모르겠다는 답을 수차례 받고 과연 갈 수 있을까 걱정하던 차, 출발 여섯 시간 전 예정된 시위가 취소되어 배가 출발한다는 확답을 받았다.

야간 열차는 몇 번 타 보았어도 야간 보트는 처음이다.

호화 크루즈는 아니었어도 2인실 객실 안에 샤워실도 따로 있고 편안하고 넓은 침대, 방별로 배정된 담당 승무원이 배를 타는 순간부터 친절하게 짐을 들고 안내를 해 주니 여권 검사 때문에 자주 일어나야 했던 비좁고 덜컹거리는 야간 열차와는 굉장히 달랐다. 물론 그 좁고 어두운 흔들림에 중독되어 기회만 있으면 야간 열차를 타려 하지만 오랜만에 몸이 편안한 이동이 필요했다.

너무 빨라 오히려 움직이지 않는 듯한 체감 속도 0의 큰 배라 멀미 걱정 없이 아래 층 식당칸에서 사과 하나를 집어 와 입에 물고 노트에 몇 줄 끄적이다 일찍 잠이 들었다. 잔잔한 지중해의 물결이 두둥두둥 자장가를 온몸으로 불러 주었다.

기지개를 켜는 아테네의 태양을 옆으로 두고, 부두에서 공항까지 가는 버스 첫 차에 올랐다. 마지막 여행지로 남겨 두었으니 다시 올 것인데도 이른 새벽 길에 차가 없어 쌩쌩 달리는 버스 차창으로 쏜살같이 나타나고 다시 사라지는 아테네 시가지의 모습을 놓치고 싶지 않아 졸린 눈을 크게 뜬다.

그리스 사람들은 성호를 정말 자주 긋는다. 아무 표정 변화 없이 손만 움직이는 것이 아니라 정말 경건한 얼굴로 온 마음을 담아 성호를 긋는 것을 자주 볼 수 있다. 크레테 고속버스에 이어, 아테네에서 아침 일찍 스키아토스로 날아가는 경비행기 안에서 이들은 역시 성호를 그으며 이륙을 준비했다. 모르긴 몰라도 그렇게까지 위험한 것이 아닐 텐데 무사히 이륙을 하고 안정된 속도로 날아가기 시작하자 옆 좌석의 사람들과 무사히 비행기가 뜬 것에 대해 축하의 말들을 나누는 것도 볼 수 있었다. 너무나도 진실된 그 모습에 혹 나만 모르는 그리스 경비행기의 대단한 사고 기록이 있는 건 아닌지 궁금하기도 했다.

스키아토스를 일정의 막바지로 미루어 둔 것에 나는 스스로를 백 번도 더 칭찬해 주었다. 이 섬을 먼저 보고 다른 곳을 보았다면 성에 차지 않았을 것이다. 공항에서 탄 택시에서부터 뮤지컬 맘마미아의 사운드트랙이 지직거리는 라디오 스피커를 통해 흘러 나온다. 영화 세트장이라고밖에 믿을 수 없는 환상적인 스키아토

눈부시게 파란 스키아토스 바닷물은
눈을 감아 버리게 할 정도로 시리게 빛이 나

스의 모습에 입을 다물 수가 없다.

"너도 맘마미아를 보고 온 거니?"

유럽인들의 휴양지로는 이미 이름이 나 있지만 스키아토스에서 쉽게 볼 수 없는 검은 머리 여자가 혼자 타니 호기심이 무척 동한 듯, 말을 걸어 보고 싶어하는 눈치였던 택시 기사 아저씨가 마침내 물어 오셨다. 영화의 팬은 아닌데, 맘마미아가 아니었다면 스키아토스라는 섬을 알 리가 없었으니 그렇다고 대답한다.

"소피, 소피?"

영화 주인공들 중 내 또래는 소피밖에 없으니 그런 걸까? '네, 소피 알아요' 라고 대답하고는 멋쩍게 웃었다. 티 없이 맑게 자연 속에서 큰 섬 소녀 소피가 결혼식을 준비하며 아빠를 찾는 내용의 영화 〈맘마미아〉는 2008년 개봉한 이래로 스키아토스 관광의 큰 축을 담당하고 있지 않나 추정될 정도로 아직도 이곳에서 하루 종일 회자된다.

영화가 얼마큼의 기여를 했는지는 모르겠지만 30년 전만 해도 거의 아무도 살지 않았던, 스포라데스 군에서 가장 작은 이 섬은 이제 그리스의 생 트로페즈(St. Tropez)라 불리는 유럽 최고의 휴양지 중 하나가 되었다. 이제 더 이상 주고받을 그리스어와 영어의 기본 단어들이 바닥난 지 오래라, 기사 아저씨와 함께 지지직 라디오의 'Honey honey-'를 정답게 몇 마디씩 흥얼거렸다.

스키아토스에서 머물 펜션은 오르막길 중턱에 위치한 가정집이었다. 2층으로

올라가자 방이 생각보다 여럿이다. 주인 가족은 펜션 건물 뒤 따로 있는 건물에 산다고 한다.

"나의 천사 안젤로(Angelo)예요."

엄마 뒤에 수줍어하며 숨는 펜션 주인집 꼬마의 이름은 '천사'라는 뜻의 안젤로 였다. 여태껏 묵었던 펜션 중 가장 정이 많으셨던 이 펜션의 아주머니는 안젤로와 함께 방 구석구석을 안내해주시며 원래는 이렇지 않은데 오늘 해가 많이 들어 덥 겠다느니, 창문을 이렇게 닫으면 좀 뻑뻑하고 아래를 잡아 당기면서 꾹 누르면 된 다느니 하시며 설명을 하시지만, 가방만 던지고 얼른 뛰어 나가고 싶은 내 귀에는 아무것도 들어오지 않는다.

창문 너머로 보이던 항구를 향해 내달리니 어느새 신 항구와 구 항구가 만나 는 지점에 불룩 솟아 있는 작은 동산 부르치 (Bourtzi)다. 동산 아래에서는 볼 수 없지만 올 라가면 보이는 작은 공연장은 몇 주 더 있으면 성수기가 되어 열릴 공연 준비가 한창이다. 겨 울, 봄 내 녹슨 것을 윤이 나게 닦으려 내 놓은 의자 더미만 보고 내려와야 했지만 이 동산에서 내려다보는 마을의 모습은 한 시간을 넋을 놓고 바라보아도 질리지 않는 절경 중의 절경이다.

해변가에 늘어진 여러 카페와 레스토랑, 그리 고 전통 공예품이나 스키아토스라고 쓰인 각종

기념품을 판매하는 상점 중 어느 한 곳에서는 꼭 맘마미아의 OST를 틀어 놓는지 이곳에 올라서서도 멜로디가 희미하게 들린다. 그렇게 감명 깊게 본 영화는 아니었어도 워낙 영상이 예뻐 아직까지 모든 장면이 생생하다. 어쩐지 눈에 익은 곳이라 생각했던 이 부르치 동산 역시 맘마미아에 출연하였다고 한다.

스키아토스 구 항구 근처의 레스토랑에는 촬영 중 연기자들이 먹고 다녀간 사진과 사인이 붙어 있고, 지나가는 여행객들마다 붙잡고 콜린 퍼스가 와서 무엇을 맛있게 먹었는지 시시콜콜 떠들면서도 정작 영화 덕을 많이 봤냐는 질문에는 자존심이 상한 듯 스키아토스는 영화 개봉 전에도 인기가 많았다고 새침하게 군다.

소피가 연서를 부치던 성 니콜라스(St. Nicholas) 교회를 구경하고 이제는 고민할 것도 없는 식사 메뉴 그릭 샐러드를 뚝딱 해치우고 나니 밤이다. 마냥 청량하기만 했던 낮과는 전혀 다른 모습을 하고 있는 밤의 스키아토스는 구 항구 해변가의 바에서 가장 잘 느낄 수 있다. 낮에 식사를 할 때와는 다르게 혼자 밥을 먹는 것보다 혼자 술을 마시는 것이 더 외로워 보이는지 다들 정말 혼자 온 거냐며 말을 걸어온다.

웨이터 야니(Yanni)와 스타브로스(Stavros)는 왜 그리스 남자들은 셋 중의 하나는 이름이 스타브로스인지 생각 없이 던진 나의 질문에 100분 토론을 펼쳤다. 옆에 있던 엘레니(Eleni)는 그렇게 따지자면 자기 이름도 아무 식당에나 들어가서 크게 외쳐도 누군가는 돌아볼 흔한 이름이라 웃으며 대화에 낀다. 건질 것이라고는 눈곱만큼도 없는 영양가 없는, 시시껄렁한 이야기가 안주로는 최고다.

신선놀음하기에 완벽한 이 그리스 섬에서 유일하게 주의할 것은 멜테미 (Meltemi)다. 여름이 끝나갈 무렵 불어오는 계절풍 멜테미는 가끔 몸을 가누기조차 힘들 정도로 거세어, 2004년 아테네 올림픽 양궁 대회에서도 가장 유의해야 할 말썽쟁이로 꼽히곤 했다고 한다. 다행히 내가 머무는 기간은 멜테미가 불어오려면 한참은 남은 여름 시즌 초반이라 그 위력을 실제로 보지 않아도 되었으나 이른 새벽이나 밤이 늦으면 바람이 이따금 거세어져, 이른 멜테미가 몰아치면 어쩌나 걱정이 되기도 하였다.

이날 저녁은 바람이 좀 더 빨리 찾아왔다. 잘 놀던 아이가 갑자기 넘어져 울음을 터뜨리듯, 한 방울도 비를 머금고 있는 것 같지 않아보였던 스키아토스의 하늘에 난데없이 큰 구멍이 뻥 뚫려 소나기가 퍼부었다. 갑자기 쏟아진 비 때문에 해변에 늘어 놓았던 쿠션이며 방석을 양손에 몇 개씩 들고 모두 허겁지겁 실내로 뛰어 들어가지만 않았어도 아침이 올 때까지 놀았을 텐데.

하지만 첫날부터 그렇게 열심히 노는 거냐며 로비에서 잠들지 않고 기다려 준 펜션 아주머니 얼굴을 보니 아쉬웠어도 자리를 털고 일어나기를 잘했다는 생각이 들었다. 혼자 잘 찾아올 수 있으니 이제부터는 먼저 꼭 주무시라 아주머니를 보내 드리고 잠을 청했다. 열심히 일하건 열심히 놀건 업어 가도 모를 정도로 쿨쿨 자는 것은 똑같지만, 열심히 놀았을 때의 잠이 훨씬 더 달콤하다. 모히토 한 잔에 알딸딸해져 씻지도 못하고 침대 위에 엎어져 아직 민트 맛이 진하게 나는 해변가 바의 칵테일을 입술에서 핥아 내며, 앞으로는 일부러라도 숙면을 위해 신나게 놀아야겠다는 헛소리와 예쁘고 또 예쁜 이 섬을 도저히 못 떠나겠다는 지당한 생각이 인셉션처럼 뒤섞인다.

Out of the blue

혼자 쓴다고 미리 말씀 드렸는데도 침대가 두 개인 트윈 룸을 받았다. 나는 하루는 왼쪽 침대, 하루는 오른쪽 침대를 번갈아 사용하며 각각의 침대 앞에 있는 창문을 통해 보이는 스키아토스의 조금씩 다른 모습을 바라보며 아침을 맞이했다. 에게해 북쪽의 새들은 조금 더 상냥한 것인지 아니면 시끄러운 그리스 새 울음 소리에 내가 귀가 조금 먹은 것인지, 케팔로니아에서 '짖던' 새들과는 다르게 여기 스키아토스의 새들은 재잘거린다.

첫 번째 새의 지저귐에 눈을 떴다. 새벽 다섯 시. 아무렇게나 티슈에 싸여 가방에 들어 있던 과자 몇 개와 펜션 앞 작은 슈퍼에서 사 두었던 그릭 요거트에 꿀을 뿌리고, 반 개 남은 오렌지도 껍질을 벗겨 불도 켜지 않은 채 어스름한 새벽 빛 아래서 이제는 꽤 그리스스러워진 입맛에 맞는 아침 식사를 했다.

이날의 유일한 목표는 쿠쿠나리스(Koukounaries) 해변에 가는 것이었다. 노트와 펜, 카메라만 들고 나와 해가 뜨거워질 때까지 걷고 쓰고를 반복하다 정오 즈음 하여 버스 정류장으로 걸었다. 보트 여행 안 갈래, 하는 선착장의 보트 놀이 호객꾼들을 여럿 물리치고서야 쿠쿠나리스로 향하는 버스에 오를 수 있었다. 야무지게 팽! 하고 손을 뿌리쳐야 할 줄 알았는데, 그리스 호객꾼들은 한국에 비하면 한참 무르다. '내일 스코펠로스로 갈 거예요' 라는 말에 바로 꼬리를 내리고 아, 그럼 내일 그렇게 가는 편이 훨씬 더 재밌지, 하고 말아 버리는. 세일즈맨 마인드가 완전히 결여되어 있다.

유럽에서 가장 예쁜 해변가로 꼽히는 쿠쿠나리스는 야자수와 고운 모래, 완만한 해변의 경사와 주변을 둘러싼 야생 보호 구역 숲까지 푸르름 그 자체이다. 성수기에는 파라솔이 눈 깜짝할 새 동이 나고 해변 끝 쪽에 있는 다이빙 센터의 강습도 종일 바쁘게 돌아간다고 하는데 아직은 사람들이 띄엄띄엄 앉은 것이 무척이나 조용하다. 물도 더 깨끗할 것 같고, 평화로운 분위기가 마음에 든다.

서울에서 정성껏 칠해 온 반짝이는 엄지발가락을 꼼지락거리며 모래에 파묻었다가 다시 들어 올렸다를 반복하다가, 떨어져 있는 나뭇가지 하나를 집어들고 친한 이들의 이름들을 모래에 새겼다.

바다에 놀러 와서 나뭇가지로 사랑하는 사람의 이름을 적어 놓고 하는 것은 마치 '나 잡아 봐라~' 하고 도망 다니는, 70년대 유행했다고는 하지만 실제로는 본 적 없는 유치하고 촌스러운 것인 줄로만 알았는데, 맘마미아에서 소피가 그렇게 뛰어놀던 것이 영화를 위한 연출이 아니라 자동적으로 그렇게 되는 것임을 쿠쿠

나리스에 도착해 알 수 있었다.

나는 습관적으로 하루에도 몇 번씩 오늘이 어떤 날인지를 마음속으로 결정한다. 일어났을 때 드는 느낌에 따라 오늘은 좋은 날, 괜찮은 날, 그저 그런 날, 별로인 날, 또는 나쁜 날이 되고, 오후 네다섯 시가 되면 좋았으나 그저 그렇게 끝난날, 별로였지만 괜찮은 하루 등 또 한 번의 자체 평가를 내린다. 어디 적어 놓는 것도 아니고 하루 이틀 지나면 금방 잊게 되는 것이지만 마치 오락 프로그램에서 '중간 점수 몇 대 몇!'을 확인하듯, 하루의 남은 몇 시간을 좀 더 잘 보내자 하는 다짐 비슷한 습관이다.

쿠쿠나리스 해변을 찾았던 날은 최고의 기분으로 시작했다. 반들거리는 모래판에 파 놓은 익숙한 이름들 가운데 자리를 잡고 기분 좋을 정도로만 내리 쬐는 따사로운 쿠쿠나리스의 태양 아래에서 원 없이 책장을 넘겼다.

짐을 쌀 때 가장 중요하게 생각하는 것 중 하나는 바로 책이다. 하루 종일 가지고 다니면서 한 번도 펼쳐 볼 일이 없다 하더라도 여행 중 가방 속에 책이 없으면 종일 허전하다. 중독이라 할 것까지는 없어도 활자에 대한 필요가 남들보다 조금더 많은 것은 사실이다.

잠이 오지 않는 야간 열차에서 멀미 나지 않을 정도의 흔들림에 장단 맞추며 읽는 것도, 혼자 여행을 할 때 가장 어색한 순간 중 하나인 식사를 주문하고 기다리거나 카페에 앉아 찻잔이 다 비워졌을 때 남은 시간을 보내며 읽는 것도 좋지만 독서하기 가장 좋은 곳은 바로 해변이다.

가지고 다니기 무겁지 않을 정도의 두께와 읽다 질릴 것을 생각하여 여러 장르, 다양한 문체의 작가들의 책을 골라 왔는데 쿠쿠나리스에서는 모히토 향 나는 헤

밍웨이 단편집과 라면먹듯 후루룩 한 자리에서 읽고 잊을 추리소설을 집어 들었다. 파도 소리에 귀를 반쯤 열어 놓고 원 없이 다시 시내로 돌아갈 마음이 들 때까지 이리저리 굴렀다. 시간 가는 줄 모르고 손가락만 까딱 하며 페이지를 넘긴 덕분에 태닝은 자동으로 실컷 할 수 있었다.

잠깐만 해변에서 놀다가 돌아올까 생각했는데 벌써 해가 저쪽편으로 넘어가 있다. 첫 페이지만 다섯 번은 읽은 책은 물론 마치지 못하였다. 30분마다 오는 버스는 기사 한 명이 종일 운행하는 것인지 '넌 여기 내려준 지가 언젠데 이제서야 다시 타는 거냐'며, 혼자 걸어서 어디라도 다녀온 것인지 물어온다. 처음 찾은 해변의 귀여운 이름에, 보고 싶은 사람들의 이름에, 그리고 또 이름도 모르는 낯선 사람의 한 마디에 신이 났다가, 슬펐다가, 다시 또 나름 괜찮은 하루가 된다.

시내에 도착하여 보니 오늘은 근무 날이 아니었는지 어제 있던 웨이터들이 전부 보이지 않는다. 하루 보았을 뿐인데 단골 가게에서 매일 보던 웨이터가 사라진 듯한 상실감에 바로 숙소로 들어와 버렸다. 먼지 한 점 얹혀 있지 않은 깔끔한 스키아토스 신시가지의 한 기념품 상점에서 한참을 고민한 것이 민망한 15유로짜리 천 가방을 사는 것으로 아쉬움을 미약하게나마 달랬다.

파란 하늘
파란 하늘 꿈이

●   스키아토스에서도 여지 없이 마구간에 들렀다. 크레테
에서 그리스의 두 번째 승마를 하고 나서는 이제 승마에 맛이 제대로 들어, 그리스
를 떠나기 전 마지막으로 신나게 달려 보지 않으면 후회할 것 같았다.

　하지만 정작 마구간으로 서둘러 가야 하는 날 아침이 오자 가장 이른 시간을
예약해 버린 것에 스스로를 원망하며 침대 속에서 뒤척였다. 평소엔 할머니 소리
를 들을 정도로 새벽잠도 없는데 여행이 막바지에 이르니 체력이 끝을 보인다.

　며칠 전 이미 이날 오전 8시에 시작하는 해변 승마 프로그램 비용을 모두 지불
해 놓았기에, 공돈을 날릴 수 없어 여느 때처럼 기분 내키는 대로 일정을 조정하

지 못하고 억지로 몸을 접어 일어났다. 웅얼대며 투정하던 것이 무안할 정도로 날이 맑고 밝다. 간 밤에 만개한 풀꽃 향을 가득 실어 날아오는 시원한 아침 공기는 아무리 들이켜도 충분치 않다.

　예약하러 오던 날 오후에는 오가는 사람들도 꽤 많고 말들도 쌩쌩해 보였는데, 아침 일찍 찾으니 말들도 마구간 사람들도 모두가 졸린 눈을 하고는 미동도 않고 있다. 나 역시 얼굴에 '더 자고 싶어요'라고 크게 쓰여 있었는지 도착하여 눈이 마주친 마구간 사람들과 나는 동시에 웃음을 터트렸다.

　"그래, 말이라도 타고 어서 정신 차려야지! 우리 이렇게 게을러서 뭐라도 할 수

있겠어?"

　마구간 주인 아니타(Anita) 아주머니가 졸음으로 가득한 정적을 깨고 나를 잡
아 끌어 사이즈가 맞는 헬멧과 부츠를 골라 안긴다. 어제 푹 쉬어서 가장 상태가
좋을 것이라 골라 주신 말도 배정받았다. 아니타 아주머니는 마구간에 남고, 여기
서 일하는 인턴 둘과 함께 길을 나섰다.

　"고삐는 잡을 줄 알아?"

　　비몽사몽하여 비틀대는 모습이 영 불안했는지 샌프란시스코에서 아주 어릴 적부터 미국 카우보이처럼 말 타는 것을 배우고 자랐다는 크리스티나(Christina)가 나보다는 방금 나를 태운 말을 안쓰럽게 쳐다보며 물었다.

　　"응, 고삐는⋯⋯."

　　아침 첫 승마라 말이 아직 몸이 덜 풀렸을 것 같아 고삐를 느슨히 풀어 양손 새끼손가락과 넷째 손가락 사이에 끼우며 잡았다.

"와- 숙녀처럼 타는구나, 너!"

카우걸 스타일이 완전히 몸에 배어 본인은 억지로 타고 싶어도 영국식으로는 불편해서 잘 안 된다며, 크리스티나가 아직 잠긴 목소리로 흥분하여 '터프하게 한 손으로 잡고 달려 이랴 이랴!' 외치는 것에 오늘의 두 번째 큰 웃음이 터진다. 국적도 나이도 다르지만 여자 셋이 모이면 확실히 시끌시끌하다.

또 다른 인턴은 베를린에서 왔는데, 독일 억양이 굉장히 세어 이름도 잘 알아듣지 못하였지만 아침 수다를 떨 정도의 영어는 할 수 있었다. 앞서거니 뒤서거니 하며 알아서 잘도 걷는 말들 덕분에 우리는 큰 어려움 없이 이야기를 나누며 스키아토스의 숲과 해변가를 누볐다.

손님들이 많으면 마구간 수입이 짭짤하니 좋지만 사실 스케줄이 느긋한 하루의 아침 승마에 비할 것은 아무것도 없다며 커브를 하나 돌아 잠시 고삐를 당겨서는 이들과 발 맞추어 섰다. 스코펠로스에서 가장 예쁘다는 만드라키(Mandraki) 해변이 수풀 사이로 살짝 얼굴을 내민 것이 보인다. 어제의 발자국들은 바닷물이 수백 번을 오가며 말끔하게 지워 놓아, 모래사장은 아직 아무의 흔적도 닿지 않은 사포 한 장 같았다.

그동안 아침 승마 손님들이 뜸했는지 아니면 스키아토스의 거미들이 부지런한 것인지, 우리는 꽤 자주 거미줄을 손으로 헤치며 산책길을 나아가야 했다. 종류는 많지 않은데 섬에서 보호하는 희귀한 식물들이 많이 자라 있기 때문에 함부로 꺾어서는 안 된다고 한다. 힘을 주지 않고 앞으로 살짝 밀어내기만 하라며 거미줄과 함께 얼굴을 향해 돌진하는 나뭇가지들을 피하는 방법을 일러주지만, 나는 이미 머리와 옷에 엉키고 달라 붙은 잎사귀들과 나뭇가지 파편들을 떼어 내느라 정신

이 없어 말에서 굴러 떨어지지 않을까 싶을 정도로 몸부림을 치고 있다.

해가 점점 더 크게, 더 높이 떠오르자 셋 모두 한 겹씩 옷을 벗었다. 시야를 가릴 정도로 무성한 녹색 잎사귀들에 얼굴이 덮여 반사적으로 고개를 위로 치켜 드니 작은 구름 조각 하나 없는 하늘이 점점 더 높이 날아가는 것처럼 보인다.

아니타 아주머니는 뭘 하고 계실까 이야기를 나누다가, 인턴들은 갑자기 아주머니가 오늘은 짜지키를 만드셨을까 하는 문제로 목소리를 높였다. 남편 분과 함께 운영하신다는 여기 마구간뿐 아니라 염소 스무 마리가 있는 작은 농장과 정원도 남편 분과 함께 운영하신다는 아니타 아주머니는 어지간한 과일 채소는 모두 직접 길러서 드신다고 한다. 작년에는 오이가 어찌나 맛있게 났던지 짜지키 맛이

일품이었다며 '아- 작년 짜지키!' 하고 감탄하는 나의 아침 승마 동반자들 덕에
점심 메뉴는 짜지키를 피할 수 없을 것 같다.

"그리스 여행 오기 전에 난 짜지키가 굉장히 짤 줄 알았어."

도대체 그 상큼하고 담백한 것을 왜 짤 거라 생각했냐는 말에, 한국에서는 짜지
키의 첫 음절이 '짜다'라는 뜻이라 설명해 주니 이 아가씨들, 굉장히 재미나 한다.

"우리가 다녀온 사이에 만들어 두셨으면 너도 먹어 볼 수 있을 거야!"

마지막 20여 분을 온통 짜지키 얘기로 보내고 돌아왔는데, 짜지키는 없었다.
왜 안 만드셨냐며 징징대는 우리와 왜 이
렇게 늦었냐며 핀잔 아닌 핀잔을 주시는
아주머니가, 두 시간 전보다는 훨씬 더 생
기 넘치는 목소리로 한바탕 부산스러운
인사를 다시 나누었다. 안 그래도 만들어
두려 했는데 요거트가 마침 동이나 이제
장을 보러 나가신다는 아주머니의 말씀에
아쉽지만 방명록만 적고 이만 헤어지기로
했다. 매년 손님이 정말 많았는데도 10년
넘게 운영한 이 마구간의 방명록에 한글
은 처음이라 하는 말에, 그냥 간단하게 '재

미있었어요. 짜지키 다음엔 꼭 만들어 주세요!'라고만 적으려던 인사말이 점점 더 길어진다.

여러 숙소를 돌며 승합차에 열댓 명을 태워 돌아다니는 투어보다, 달라붙는 거미줄을 걷어내야 한다 해도 아침 해와 눈을 맞추고 잠이 덜 깬 말의 등을 쓰다듬으며 산책하는 편이 훨씬 좋다. 두 시간 동안 섬 남쪽에 있는 해변과 숲도 거진 다 볼 수 있었다.

스키아토스에서의 아침 승마는 내내 신나게 질주하던 크레테의 해질녘 승마와는 다르게 사진을 찍기가 그리 어렵지는 않을 코스였으나, 대용량은 아니라도 나름 쓸 만하다 자부하는 기억력으로만 간직하기로 했다. 여행 중에는 책 때문이든 지인들에게 보여 주고 싶어서든 꼭 찍어야 하는 사진들도 있지만 일부러 담아 오지 않는 장면들도 있는데, 이날 아침 굉장히 오랜만에 마음속으로만 녹화 버튼을 꾹 눌렀다. 그전까지 일부러 사진으로 기록하지 않은 여행 중의 경험은 흰 눈을 조명 삼아 탔던 인터라켄에서의 밤 썰매의 기억이 유일하였는데, 이제 살면서 가장 황홀했던 밤과 가장 맑고 파랑던 아침이 하나씩 머릿 속에만 새겨지게 되었다.

다음 번 스키아토스를 찾을 때에는 오랜 시간을 보낼 수 있도록 해변에서 읽을 책들만 한 꾸러미 들고 와서 아침마다 말을 타야겠다고, 필름에도, 카메라 메모리에도 남아 있지 않은 높은 하늘 아래 따그닥거리는 이날 아침의 기억을 떠올릴 때마다 다짐한다.

버스에서 내리자마자 숙소 앞 작은 슈퍼마켓에 들려 짜지키와 빵을 샀다. 아침에 일어난 모양 그대로 돌돌 말려 있는 이불 더미 위에 가방을 던지고 그 옆 침대에 풀썩 누워, 짜지키 한 통을 야무지게 빵으로 싹싹 긁어 비워 내며 슬슬 싸야 할 짐 더미를 보았다. 마지막 섬이 될 스코펠로스에서의 일정이 끝나면 아테네에

서 여행을 마무리하고 한국으로 돌아가는 것이다.

그리스를 떠나는 것은, 아니, 그리스 섬들을 떠나는 것은, 파리나 런던을 떠나
는 마음과는 아주 다르다. 금방 또 오면 되지! 하고 자신 있게 말할 수가 없다. 다
시 올 수 있을까, 다듬지 않은 자연의 웅장함과 광활함에 감탄하며 작아지던, 부
끄러워하던 마음을 모두 기억할 수 있을까.

창을 활짝 열어 방을 순식간에 채우는 햇빛을 이불 삼아, 다 먹은 짜지키 통은
옆으로 밀어 두고 아침에 요거트에 뿌려 먹던 꿀을 손가락으로 찍어 먹다 달콤한
짧은 낮잠에 들었다. 온통 푸른 꿈을 꿀 수 있는 그리스 섬에서의 밤들은 이제 다
섯 손가락을 접으면 끝이 나니, 낮잠으로라도 그리스 섬 위의 푸른 하늘 꿈을 꾸
는 연습을 한다.

ΤΑΒΕΡΝΑ
ΨΗΣΤΑΡΙΑ

CUBA

FISH — 790
BBQ — 790
GREEK — 750

MENU

SLEEP

라이스 펜션
Lais Pension

다정하고 세심한 안주인의 서비스가 돋보이는 펜션. 널찍하고 아늑한 방을 원한다면 추천한 다. 호텔에 비해 가격이 낮아 부담 없이 스키아 토스에서 여러 밤을 묵을 수 있다.
Skiathos Town 37002
+30 24270 22720
http://www.laispension.com
theotra@otenet.gr

호텔 크리스티나
Hotel Christina

항구에서 불과 300m 떨어져 스키아토스의 바 닷바람을 가장 잘 느낄 수 있는 곳이다. 걸어서 섬의 명소 어디든 갈 수 있는 완벽한 위치의 깔 끔하고 세련된 모던한 호텔.
Port 33, Skiathos Town 37002

하는 밤의 분위기 1등 플레이스.
Skiathos Town 37002
+30 24270 21006
http://www.slipinn.net
http://www.facebook.com/SlpInnCassablan-caSkiathos
slipinn@kanapitsa.com

엔 플로
En Plo

부르치와 중앙 항구를 모두 볼 수 있는 환상적 인 위치에 자리한 오래 된 전통 지중해 레스토 랑. 그리스 전체를 통틀어 최고의 식당으로 꼽 히기도 하는 엔 플로에서는 신선한 재료만을 사용하여 요리하는 그리스 음식들이 가장 유명 하다. 해물 파스타 혹은 해산물 수프 등 식재료 가 돋보이는 메뉴는 무엇이든지 추천.
Skiathos Town 37002
+30 24270 24433
http://www.enploskiathos.com
info@enploskiathos.com
5월~ 17:30 ~ 00:30.

EAT

슬립 인/카사블랑카 바
Slip Inn/Casablanca Bar

밤이 되면 더욱 예뻐지는 항구 구경을 푹신한 쿠션 위에서 느긋하게 하고 싶다면 꼭 찾아야 할, 이름에서부터 편안함이 느껴지는 바. 간단 한 먹을 거리도 있어 늦은 저녁 식사도 해결할 수 있다. 스키아토스 온 섬을 통틀어 자타공인

TOURIST SPOTS/ACTIVITIES

부르치
Bourtzi

1204 ~ 1261년 동안 섬을 지배한 베니스 가문 기지(Ghizi)의 성채였던 곳의 흔적이 남아 있는 작은 언덕. 부르치에 올라 섬을 바라보는 모습

이 엽서에 자주 등장하는 바로 그 절경이다.
Skiathos Town 37002

쿠쿠나리스 해변
Koukounaries

60여 개가 넘는 스키아토스의 해변 중 가장 유명하고 가장 예쁜 곳으로 야자수와 함께 해변을 수놓은 파라솔로 그 이미지가 사람들에게 각인되어 있다. 쿠쿠나리스 외에 스키아토스에서 가볼 만한 해변가들은 그 옆에 있는 빅 바나나(Big Banana)와 스몰 바나나(Small Banana) 해변으로, 젊은 사람들에게 인기가 많다. 이 중 스몰 바나나는 누드 비치.

파파디아만티스 하우스
Papadiamantis' House

가장 유명한 스키아토스 출신 인물인 작가 알렉산드로스 파파디아만티스(Alexandros Papadiamantis, 1851–1911)의 생가를 그의 박물관으로 개조한 곳, 섬에서의 생활을 기반으로 백 권이 넘는 소설을 쓴 파파디아만티스는 고등학교를 졸업할 때까지 스키아토스에서 살다 은퇴 후 돌아와 생을 이곳에서 마감했다. 단순하고 소박한 섬 생활에 대해 글을 썼던 이 작가는 1911년 사망 후 아직도 스키아토스 사람들에게 많은 사랑을 받고 있어 이곳에 가보면 스키아토스를 훨씬 더 깊이 알 수 있게 된다.
Skiathos Town 37002

스키아토스 라이딩 센터
Skiathos Riding Center

섬을 가장 빠른 시간 내에, 그리고 가장 효과적으로 돌아볼 수 있는 방법 중 하나로 승마가 있다. 말을 타고 섬 지리에 능통한 가이드의 안내를 받아 설명을 들으며 알짜배기 관광지만 살펴보며 스키아토스의 자연을 느껴 보자.
Koukounaries 37002
+30 24270 49548
http://www.skiathos-horse-riding.gr
anita@skiathos-horse-riding.gr

TRANSPORTATION

페리와 버스
Ferry & Bus

스키아토스 교통 정보를 한눈에 볼 수 있는 웹사이트
http://www.skiathos-services.com/allabout-skiathos/transportation

섬 6

스코펠로스

:

Σκόπελος

SKOPELOS
스코펠로스

• 스키아토스, 스코펠로스, 이렇게 묶어 외우기 편한 두 섬이지만 사실 스코펠로스는 개명한 이름이다. 이전에는 디오니소스의 아들 파레토스의 이름에서 따 온 페파레토스라 불렸다고 한다. 풍요의 신, 술의 신 디오니소스와 관련이 아주 없어 보이지 않음은 스코펠로스 항구에 내리자마자 느낄 수 있다. 시원하게 쭉 뻗은 해안가와 정성들여 한 집씩 쌓아 올린 듯한 스코펠로스 타운의 전경을 보노라면 이곳에 살면 심술쟁이, 까탈쟁이들도 여유가 매일 샘 솟을 것만 같다는 생각이 절로 든다.

• 1978년 콘스탄티노스 차초스(KONSTANTINOS TSATSOS) 대통령으로부터 'TRADITIONAL SETTLEMENT OF OUTSTANDING BEAUTY(수려한 아름다움을 가진 전통 거주지)'로 선정되었고, 1997년에는 국제생물정치학협회(BIOPOLITICS INTERNATIONAL ORGANIZATION)으로부터 'GREEN AND BLUE ISLAND(녹색, 푸른색의 섬)' 명칭을 수여받았다. 그 자연미를 뽐낼 공식적인 증빙 자료까지 가지고 있으니 이 정도면 언니보다 더 잘난 동생이라 할 수 있을 것 같다.

위　　치	스코펠로스에서 페리로 30분 이동
경 위 도	39°7′N 23°43′E
면　　적	96.229km²
인　　구	4,960명(2011)
홈페이지	http://www.skopelos.gov.gr

블루 리본
1등상

아침에 왔다 저녁에 다시 가야 한다는 것이 믿기지 않는다. 스코펠로스는 스키아토스와 정말 가깝지만 어쨌든 둘 다 섬이다. 보트 말고는 달리 오갈 방법이 없는 것이다. 이제껏 새벽같이 일어나 빠릿빠릿 잘만 다녔으면서 왜 이렇게 갑자기 귀찮다고 유난을 부리게 되는지. 트레비 분수에서 콜로세움으로, 베르사유에서 에펠탑으로, 종일 녹초가 되도록 이리 뛰고 저리 뛰며 감탄사를 연발하는 일정도 즐겁지만 그리스 섬에서 근 한 달을 보내고 나니 대도시의 이점들은 아무것도 기억이 나지 않는다. 그저 세 끼 잘 챙겨 먹고 바깥에서 바람도 햇빛도 빗방울도 모두 양껏 맨몸으로 맞는 하루가 최고다.

　아침 일찍, 어제 보트 놀이를 그렇게 권하던 아저씨들에게 스코펠로스로 간다한 것이 거짓말이 아니었다는 것을 보여 주려 나온 마냥 스코펠로스로 떠나는 보트를 요란스럽게도 탔다. 보트 탑승 직전까지 끝까지 늑장을 부리다 허겁지겁 뛰쳐나와 우다다다 달려야 했기 때문이다. 이제 한두 번 타 보는 것도 아닌데 저 멀리에서 점 하나가 작은 동그라미가 되고 물을 가르며 점점 다가오는 배의 모양이 또렷해지자 신이 나 저절로 지면 위로 뜨는 몸을 멈출 수가 없다. 십 년 만에 돌아오는 가족을 맞이하는 반가움과 흥분으로 발을 구른다.

　스코펠로스는 스키아토스보다도 자연 그대로의 모습을 많이 간직하고 있다.〈맘마미아〉에서 소피가 결혼식을 올린 바로 그 교회가 있는 섬으로 가장 잘 알려져 있지만 이 교회 말고도 스코펠로스에는 볼거리가 무척 많다. 스포라데스 제도

의 가장 큰 섬답게 마을들이 넓은 섬 전역에 띄엄 띄엄 위치하여 여기에서도 케팔
로니아처럼 택시를 거의 전세 내어 다녀야 했는데, 버스를 타고 우선 섬 맨 꼭대기
에 위치한 글로사(Glossa)로 가서 점심을 먹고 택시를 알아보기로 했다.

　가파른 경사를 힘겹게 올라 마지막 정류장에 나를 내려 주고 버스는 회차했다.
사람이 살 것 같지 않은 산기슭 어디쯤에 한두 명씩 내리고 마지막 정류장까지 남
은 것은 나와 글로사 주민 한 명이었다. 글로사는 스코펠로스에서 두 번째로 큰
마을이라는데, 어디에서도 바다가 바로 내려다보이는 것이 산토리니를 연상시키
지만 훨씬 개발이 덜 되어 그런지 산토리니와는 매우 다른 분위기를 풍긴다. 여기
가 큰 마을이면 다른 마을들은 열 가구도 채 안 된다는 건가? 자두와 아몬드 나

무가 유독 많은 글로사 마을에서는 향긋하고 고소한 냄새가 사방에서 풍겨 와, 나도 모르게 갑자기 꼬르륵거리는 배를 움켜쥐게 된다.

글로사에서 가장 유명한 레스토랑이라고 여러 번 들어 눈에 익은 간판이 보이자 주저 없이 들어갔다. 전통 스코펠로스 레스토랑으로 여러 관광 잡지, 가이드와 국제 기관에서 인정받은 이름난 곳이었다. 스키아토스에서 귀찮은 듯 헤쳤던 야생 풀 호르타(Horta)를 튀긴 것이 메뉴에 올라 있었다. 그리스에서만 나는 야생 풀 호르타는 구분을 하자면 천 가지의 각기 다른 종류로 나뉘어, 호메로스도 미처 다 그 목록을 완성하지 못하고 수백여 개까지만 공부하였다고 한다. 각각의 풀마다 얽혀 있는 이야기와 사람 몸에 끼치는 다양한 효능 때문에 최근 들어 더욱 각광받고 있는데, 여태껏 수블라키며 그릭 샐러드를 먹기 바빠 시도해 보지 못하고 결국 마지막 섬에서야 주문을 해본다.

호르타 튀김은 짜지키와 함께 나왔다. 튀김이 맛 없으면 짜지키 맛으로 먹으면 되지 뭐, 하는 생각으로 포크를 들었다.

"맛 없으면 돈 내지 말고 그냥 가도 돼."

자신 있어 보이는 주인이 직접 서빙을 하며 한 마디 덧붙인다. 한 입 먹는 것까지 보고 가려는 것 같아 보여 동그랗게 말아 튀긴 뜨거운 풀 덩이를 하나 찍어 입에 넣었다.

'맛있다!'

설거지할 필요도 없을 정도로 깨끗이
접시를 비웠다. 한국에 돌아가서도 쑥이며
봄 나물을 뜯어서 이렇게 다져서 튀겨 먹
으면 같은 맛이 나려나? 풀 튀김이니 풀 맛
이 나는 것이 당연한데도 충격적으로 낯
설다. 흙 냄새도 나는 것 같고, 싱그럽고 건
강한 기운이 온몸에 퍼진다. 마지막 한 입까지 꿀꺽 삼키고 나서, 식당을 좀 둘러
보아도 되겠냐고 물었다. 식당이 무척 넓어 먹으면서 두리번거리는 것으로는 반의
반도 볼 수 없었기 때문이다. 아저씨가 고개를 끄덕이자마자 나는 가장 보고 싶었
던 테라스로 달려나갔다. 버스로 언덕을 올라가면서부터 보이던 이 식당의 테라
스는 절벽에 걸쳐 놓은 것처럼 시야를 가리는 것이 하나도 없어 바다가 시원하게
눈에 들어온다.

'금강산도 식후경'을 몸소 실천하고 있는데, 주인 아저씨가 작은 샷 잔에 담은
라키를 쟁반에 받쳐 들고 나온다.

"이거 한 잔이면 뭘 먹어도 다 소화가 된다니까."

아직 시도해 보지 못한 라키(Raki)다. 그리스 술이라고는 우조밖에 없는 줄 알
았는데, 라키는 와인을 만들기 위해 포도즙을 짜 내고 남은 찌꺼기로 만드는 굉장
히 독한 술로 그리스 사람들은 이를 우조 못지않게 마신다. 우조는 물에 섞어 뿌
옇게 해서 마시지만 라키는 그대로 조금씩 마시는 디저트주로, 거하게 식사를 하

고 나면 식당에서 서비스로 내주는 경우가 많다는데 애피타이저 한 접시 시켜 놓고 한 시간을 있었던, 식사 시간 한참 전에 온 손님에게도 선뜻 내어 주신다.

여태까지 후식으로 독주를 마셔 본 적이 없어서 원래 다 그런지 어쩐지는 잘 모르지만 정말 목을 타고 넘어가는 그 짧은 찰나에 배불리 먹은 식사가 완벽하게 소화되었다. 훅 끼치는 알코올 냄새를 참고 목 뒤로 넘겨 버리면 그 화끈한 맛에 '호르타 한 접시 더!'라고 외치고 싶어지도록 정말 시원하게 소화가 된다.

식당 주인은 혼자 잘 잡아 탈 수 있다는데도 아는 택시 기사를 불러 준다며 아직 출근하지 않은 것 같은 눈치인데 어서 나오라 독촉하여 친한 택시 기사를 불러 주셨다. 식당 PR과 스코펠로스 자랑으로 택시가 올 때까지 말동무도 해 주신다. 도란도란 나누던 이야기가 한창 무르익을 때쯤 클랙슨 소리가 울렸다.

흥정엔 아직 많이 서툴다. 하루 종일 데리고 다니다 선착장에 저녁에 내려 주는데 얼마를 드려야 할지를 어떻게 물어 보아야 하나 고민하는데 '이 길로 이렇게 저렇게 가서 여기저기를 요리조리 보고 25유로 어때?' 하고 먼저 제의가 온다. 남은 하루 내내 전용 차량과 가이드가 생기는 것으로는 나쁘지 않은 가격이다.

"그런데 아저씨 영어를 왜 이렇게 잘해요?"
"캐나다 사람이니까 그렇지."

아, 어쩐지 그리스 억양이 전혀 없었다. 12년 동안 택시 운전을 해 왔고 처음에만 관광차 유명한 섬 몇 군데는 가본적이 있어도 스코펠로스 말고는 그리스 섬 다른 곳에서 살아본 적 없다는 아저씨는 왜 이렇게 오래 머무르게 된 거냐는 질문에 '다른 섬 다 돌고 여기로 온 거라며? 그럼 너도 여기가 제일 예쁜 걸 알겠네.

떠날 수가 없었다' 말한다. 모든 여행자들이 평생 한 번 낼까 말까 하는 용기, 여행지에 짐 풀고 주저앉아 버리기를 실천하고 일말의 후회도 없이 살고 계신다 한다. 산토리니에서의 디나도 그렇고, 그리스 섬들은 여행자들 발목 잡는 기술이 특출난 것 같다.

　스코펠로스에서 예쁜 해변들만 골라 보고 싶다는 주문에 글리스테리 해변(Glysteri)에 들렀다가 맘마미아의 도나와 세 명의 남자 주인공이 새 신랑 신부에게 인사를 하는 배경이었던 카스타니(Kastani) 해변을 찾았다. 밀리아(Milia) 해변도 카스타니와 맞붙어 있어 이곳에서 꽤 오랜 시간을 보냈다. 천천히 드라이브하다 오시라고 택시 아저씨를 보내 드리고 넘실대는 파도를 품에 크게 안을 기세로 아무도 없는 바다로 두 팔 벌려 뛰어갔다. 왜 영화의 여러 장면이 이곳에서 촬영되었는지 알 수 있을 정도로 빼어나게 아름답다. 그런데 아무도 없는 줄 알았던 이곳에 이미 한 부부가 모래사장 질주를 마치고 바다로 풍덩 뛰어들어 영화를 찍고 있다. 좀 전에 글리스테리에서도 마주쳤던 부부다.

"앗, 또 만났네. 너 우리 따라다니는 건 아니지?"

두 번째 마주치니 갑자기 낯선 사이에서 친한 사이가 된 것마냥 반갑다. 오토바이 하나만 빌려서 그리스 섬들을 돌아 다니며 제2의 허니문을 즐기는 중이라던 이 부부는 내가 조개 껍질 몇 개를 줍고 신발을 벗고 해변을 산책하고 바닷물에 손도 담그고 두꺼비 집도 하나 만들어 놓을 때까지, 내내 쉬지 않고 달리고 구르고 사진을 찍었다. 그러다 어느새 또 해변가 숲에 아무렇게나 세워 둔 오토바이에 올라 타고 떠났다.

택시에 바닷물에 젖은 채로 탈 수는 없어서 수영은 참기로 했다. 이제 정말 아무도 없이 해변에 혼자 남았는데 아무 생각 없이 물장구 치지 못하는 것이 아쉽다. 뜬금없이 초등학교 4, 5, 6학년을 보냈던 호주 시드니에서 해마다 열리던 수영 대회 생각이 났다. 생활 체육에 큰 중점을 두는 호주에서는 초등학교 때부터 매년 육상 대회며 마라톤, 수영 대회를 열고 실제 주 체육대회가 열리는 스타디움을 빌리고 경기 장비들을 마련하여 안 그래도 통제 불능한 열한 살, 열두 살짜리들을 흥분시킨다. 메달권에 들면 상장이 아니라 리본을 나누어 주는데, 대회가 끝나도 며칠 동안 교복 치마나 스웨터 소매에 매달아 다니던 것이 기억에 크게 남았다. 새틴에 금수를 놓아 만든 색색의 리본들은 지금 생각해 보면 별것 아니지만 그때는 참 예쁘고 대단해 보였다. 책 사이에 꽂아 구겨지지 않도록 조심스럽게 집에 가져와 자랑하던 리본들은 3등은 초록색, 2등은 빨간색, 1등 리본은 파란색으로 모두 달랐는데, 가장 크고 예뻤던, 1등에게 달아주는 파랑 리본이 이 순간 간절히 필요했다. 핀을 꽂을 곳도 없고 그렇다고 어디 묻을 수도 없는 것이었지만 스코펠로스에 꼭 주고 싶었기 때문이다. 그리스 섬들 중 네가 가장 예쁘고 깨끗하다고, 다시 올 때까지 너무 많이 유명해지지 말고 지금처럼 아주 살짝 숨어 지내라고, 크고 두꺼운 리본을 날아가지 않게 크게 한 바퀴 둘러 주고 싶었다.

Something
Blue

●   스코펠로스에는 360여 개의 교회가 있다. 크기도 생
김새도 달라 10초에 한 개씩 교회가 보이는데도 고개가 돌아갈 때까지, 작은 점
이 될 때까지 바라보게 된다. 예배당에 다섯 명은 들어갈까 싶을 정도로 작아 보
이는 교회를 지나칠 때면 이렇게 조용한 섬에서 일주일에 한 번씩 이곳으로 예배
를 드리러 오는 스코펠로스 사람들이 누구일지 그 얼굴도 이름도 궁금해지고, 잔
치라도 났나 싶어 돌아보게 만드는 큰 교회의 신도들이 쏟아져 나오는 모습은 신
기함 가득한 미소를 부른다.

백 해 하고도 다섯 개의 계단을 오르면
나타나는 천국의 문

"이제 거의 다 와 간다구!"

드디어 언덕 위의 아기오스 이오아니스(Agios Ioannis) 교회가 보인다. 수많은 여행객들이 '그 교회'에 데려다 달라고 했을 텐데도 택시 기사 아저씨는 나보다 더 들떠 있다. 커브를 돌 때마다 숨이 잠깐씩 멎었다 다시 심장이 뛸 정도로 감격스러운 풍경의 스코펠로스의 해변가 고속도로의 드라이브를 즐기고 있는데, 손에 들고만 있던 카메라를 룸미러로 몇 번 흘깃 보더니 세워 주지 않아 사진을 못 찍고 있는 줄 알았는지 아저씨는 교회가 보이기 시작하자 그때부터 차를 3분마다 한 번씩 세운다.

"담배도 피우고, 나도 차 세워 놓고 구경하고, 좋아."

드디어 혼자 걸어 올라야 하는 곳에 도착했다. 택시에서 내리며 얼마나 걸릴지 모르겠는데 괜찮겠냐는 물음에 흔쾌히 답하며 얼마든지 오래 보고 내려오라고 하신다. 아까 두 번이나 마주쳤던 그 부부는 나보다 조금 일찍 도착한 듯, 택시에서 내리자 이들이 세워 놓은 모터사이클이 눈에 들어온다. 어김없이 내 앞에 계속 나타나는 것으로 보아 우리가 달려온 이 길이 스코펠로스의 경치를 가장 잘 볼 수 있는 좋은 코스였나 싶다.

100개 하고도 다섯 개의 계단을 오르면 이것이 천국의 문이구나, 하는 생각이 절로 드는, 하얀 돌을 쌓아 세운 교회 입구가 나타난다. 꽤 가팔라 보이지만 보기보다는 오를 만하다. 높이가 만만치 않지만 계속 내려다보게 되는 것은 금빛 은빛으로 빛나는 바닷물과 여태껏 달려온 길이 시원스레 뻗어 있는 모습이 감동적으

로 아름답기 때문이다. 아래를 내려다보고 다시 올라 갈까 하면 다시 또 보고 싶어 고개를 돌리게 된다. 생각지 못했던 것은 벌 떼였다. 두 걸음 걷고 뒤 한 번 돌아보고 다시 또 쉽게 떨어지지 않는 걸음을 떼며 올라가는데, 내내 벌 떼가 주변을 맴돌았다. 그리스 어디를 가나 꿀이 특산물이지만 스코펠로스는 특히나 꿀 생산이 많아, 언덕을 오르는 동안 계속해서 꿀 냄새가 진동을 했기 때문에 벌들은 어쩔 수가 없었다. 윙윙대는 소리에 온몸에 힘을 잔뜩 주고 긴장해야 했으나 달콤한 꿀 내음을 만끽하는데 그쯤의 수고는 아무래도 괜찮았다. 꿀뿐 아니라 자두까지 스코펠로스 지천에 열리니 벌이 이렇게 많은 것은 당연하다.

낡은 것 하나, 새것 하나,

빌린 것 하나, 파란 것 하나,

그리고 그녀의 신발에는 은 6펜스 동전 하나.

Something old, something new

Something borrowed, something blue

And a silver sixpence in her shoe.

영국 빅토리아 시대부터 내려 오는 결혼식 전통에 관한 짧은 시이다. 이러한 전통을 실제로 아직까지 지키는 사람들도 꽤 많고, 영화나 드라마에서도 종종 볼 수 있다. 오래 된 것, 새로 시작하는 삶을 나타내는 새것, 행복한 결혼 생활을 유지하고 있는 친구나 친지의 운을 가져온다는 뜻으로 챙기는 빌린 것, 그리고 파란 물건 하나도 빌려야 한단다. 고대 로마에서는 파란색이 신부의 사랑·겸손함·신의를 나타내는 색이었으며 옛날에는 베일을 푸른색으로 만들어 쓰는 것이 크게 유행했다고도 하니, 이런저런 관련된 유래들이 많아서 그런가 보다. 그리고 마지막으로 금전운이 결혼 생활 내내 유지되기를 바라는 마음으로

가지고 가는 것이 은 동전이라고 한다.

소피도 백다섯 개의 계단을 올라 해질녘 결혼식을 올리기 전 오래 된 것, 새것, 빌린 것, 파란 것을 모두 챙겼던가? 기억이 나지 않는다. 행복하게 부모님과 친구들에게 손을 흔드는 영화 끝자락의 장면들만 떠오른다. 아직은 '결혼'이라는 것이 까마득한 일인데 세상에서 가장 예쁜 결혼식장을 구경하고 왔으니 눈만 한껏 높아져버렸다. 아이고.

여행을 혼자 다니면 여기가 서울인지 제주도인지 파리인지, 도무지 어디에서 찍었는지 알 수 없는 목까지 나오는 셀카만을 남기게 된다. 그래서 원래 그렇게 내 사진을 많이 찍는 편은 아니지만 여행지에서 꼭 내 사진을 남기고 싶을 때는 주위의 커플을 찾아 먼저 '사진을 찍어 줄까?' 하고 물어 본다. 열에 아홉은 기다렸다

는 듯이 기뻐하며 카메라를 맡겨주고, 사진을 찍어 주고 나면 자연스럽게 내 사진기에 손을 뻗어 답례 사진을 찍어 준다.

또 만났네- 하며 세 번째에는 훨씬 더 반갑게 인사를 나눈 다음 이 부부의 사진을 마찬가지의 방법으로 찍어 주기를 자청하고 교회 앞에서 내 사진도 찍었다. 오늘 내가 본 세 번 모두 정말 기분이 최고조에 달해 머물러 있는 듯한 이들은 한 장이면 된다는데도 이런저런 포즈를 요구하며 정성스럽게 여러 장 찍어 주었다.

마지막 행선지였던 선착장에서, 원래 약속했던 25유로에 5유로를 팁으로 더 얹어 주고 기사 아저씨와 헤어진 후 근처 카페에서 스코펠로스의 별미라는 치즈 파이와 자두 시럽을 담뿍 얹은 요거트를 시켜 놓고 보트 시간을 기다렸다. 이번 여행의 마지막 보트가 되는구나. 내일 아침이면 안젤로와 펜션 주인 아주머니와 인사를 나누고, 아테네로 가는 경비행기 안에서 또 요란스럽게 성호를 긋고 무사 이륙을 축하하는 그리스 사람들을 마지막으로 보고, 아테네에서 이스탄불로, 이스탄불에서 인천으로 가는구나. 혀가 얼얼할 정도로 단 요거트를 휘저으며 점점 얼

굴이 어두워지자 웨이트리스가 깜짝 놀라 잰 걸음으로 다시 돌아와 맛이 없냐고
걱정하며 묻는다.

"… 아니요, 너무 맛있어요."

SLEEP

드니스 호텔
Denise Hotel

항구에서 5분만 걸으면 나타나는 위치 좋은 이 호텔은 내다보면 바로 보이는 해안가의 풍경도 모자라 수영장도 딸려 있어 피곤한 하루라면 호텔에서만 종일 쉬어도 된다. 아파트와 호텔식의 두 종류의 방들이 스물다섯 개가 있는 아담한 사이즈의 편안하고 아늑한 숙박처.

Skopelos Town 37003

테아 홈 호텔
Thea Home Hotel

스키아토스에서 출발하는 마지막 배를 타고 와도 24시간 열려 있는 테아 홈 호텔 데스크 덕분에 체크인은 걱정하지 않아도 된다. 호텔 이름 앞에 '홈'이 이유 없이 달려 있는 것이 아님을 보여 주듯 직접 만든 가정식 아침 식사와 항구에서 호텔까지, 또 체크아웃 시 호텔에서 항구까지의 픽업 서비스를 제공하고 있어 호텔을 찾아가는 것에 대한 염려마저 센스 있게 해결하고, 무료로 객실 손님들을 위한 자전거 대여 서비스도 마련해두고 있다.

Ring Road, Skopelos Town 37003

EAT

아그난티
Agnanti

주소부터 맛집 냄새가 솔솔 나는, 스코펠로스 제일 가는 식당. 글로사 마을까지 가는 수고를 열 번은 할 수 있을 정도로 솜씨 좋은 그리스 전통 음식들이 메뉴를 가득 메우고 있다.

Street of Tastes 1, Glossa 37004

+30 24240 33606

http://www.agnanti-rest.gr

agnanti@gmail.com

TOURIST SPOTS/ACTIVITIES

아기오스 이오아니스
Agios Ioannis Sto Kastri

영화 〈맘마미아〉에서 딸 소피가 결혼식을 올리는, 영화의 마지막을 장식하는 아름다운 결혼식 장면의 배경이 되어 유명해진 곳. 영화를 보았는지와 관계없이 누구라도 이곳을 찾으면 눈부시게 하얀 건축물의 아름다움과 뒤로 펼쳐지는 깎아지르는 절벽과 찰싹찰싹 올려붙이는 작은 파도가 만들어 내는 자연의 낭만에 폭 빠지게 된다.

페리
Ferry

도착해서는 크지 않은 타운을 돌아보는 데에는 튼튼한 두 다리만 필요하다. 자유로이 글로사 (Glossa)나 다른 관광지를 돌아보기 위해서는 스쿠터/차를 빌리거나 택시를 이용한다. 대부분의 택시 기사들은 명함을 가지고 있고 먼저 주는 경우가 다반사이다. 몇 시까지 다시 와 달라 부탁하고 스코펠로스의 곳곳을 맘 편히 구경해도 좋다. 2013년 기준 스코펠로스 타운에서 출발하는 택시 요금(23시 이후 할증 요금이 적용되고 영수증을 손님에게 주는 것이 법으로 의무화되어 있고 물론 미터기 역시 있으니 바가지 쓰지 말 것!)

- 스타필로스 Stafilos €7.50
- 아그논타스 Agnontas €11.50
- 림노나리 Limnonari €13.00
- 파노르모스 Panormos €16.50
- 글리스테리 Glisteri €12.00
- 밀리아 Mlia €19.00
- 엘리오스 Elios €24.50
- 글로사 Glossa €32.00
- 루트라키 Lutraki €35.00

시간을 칼같이 지키지는 않지만 섬 곳곳에 정차하는 버스도 있다. 버스 요금은 €3.40 남짓.

그리고
7

아테네

Αθήνα

ATHENS

아테네

●
시의 수호신 아테나를 연상케 하는 이름에서부터 고대 문명의 발상지다운 아우라가 느껴진다. 섬들을 모두 구경하고 나서 아테네에 도착했다. 마을버스를 타고 다니다가 지하철이 깔린 아테네를 돌아다니려니 태어나 처음 서울 상경하는 두메산골 처녀마냥 입이 떡 벌어질 수밖에 없었다. 더 복잡하고 더 큰 서울로 돌아가기 전에 아테네에서 도시 적응 예행연습을 하는 셈치기로 했다.

●
꿈 같았던 그리스 섬들을 여행하다 환상과 현실 사이의 끈을 놓고 현실 쪽으로 끌려 가는 듯, 마음 아픈 연습이지만 돌아가는 티켓을 어쩔수 없이 꼭 쥐고 있는 여행자에게는 필수인 연습.

위　　치	아티카 반도 중앙의 사로니크만 연안
경 위 도	37°58′N 23°43′E
면　　적	412km²
인　　구	3,089,698명(2011)
홈페이지	www.cityofathens.gr
중심 도시	아크로폴리스(Acropolis), 리카베투스 언덕(Lykavittos), 헌법광장(신타그마토스, Syntagmatos), 플라카(Plaka) 등
주요 항구	아테네 엘레프테리오스 베니젤로스 국제공항(Athens International Airport Eleftherios Venizelos)

마음은
언제나…

인구 4백만 명의 수도 아테네는 지도만 언뜻 보아도 섬들의 그것과는 다르게 길도 많고 역도 많아 지도 읽는 것도 한참이 걸린다. 피레우스 항구에 새벽 일찍 도착하였는데도 벌써 항구에서 도시로 향하는 버스는 사람들로 가득 했다. 나는 버스 창문에 붙어 떨어질 줄을 모르고 오랜만에 보는 무표정한 바쁜 도시 사람들의 얼굴들을 구경하며 매캐한 매연 냄새를 들이켰다.

숙소에 짐을 두고 나와 가장 먼저 찾은 곳은 뉴 아크로폴리스 박물관이었다. 딱 하룻밤만 자고 떠나는 일정이다. 아무리 아테네에서의 일정이 짧더라도, 도시 자체가 큰 오픈 박물관과도 같아 걸어 다니는 것만으로도 건축, 역사 공부가 된다

할지라도 아테네의 수많은 박물관들의 전시 중 하나라도 꼭 보고 오기를 추천한다. 체계적이지 않고 중구난방인, 길거리의 다소 어설픈 관광품 장사와는 다르게 아테네 시는 박물관들만큼은 철저하게 관리한다. 대충 박물관 안내 책자를 몇 장 넘겨본다든지 어깨 너머 듣는 다른 관광자들의 이야기, 길거리 산보로는 얻을 수 없는 감동이 있다.

다음으로 찾아볼 곳으로는 파르테논으로 이동하기 수월한 뉴 아크로폴리스 박물관을 선택했다. 건물 자체가 하나의 박물관 같다는 평을 받고 있는 뉴 아크로폴리스 박물관에서 나는 돌멩이를 보고 이렇게까지 감탄할 수 있음을 깨달았다. 수천 년 전의 인류가 턱 없이 부족한 자원으로 한 문명을 일구어 낸 과정을 볼 수 있다. 앞에 B.C.라고 분명히 붙어 있는데, 그 오랜 세월 전의 인류가 섬세한 손길로 각양각색의 무늬를 새겨 넣은 토기며 무기들이 끝도 없이 유리관 안에 전시되어 있다. 유물 복구 과정을 알려 주는 전시도 따로 있어 박물관의 다양한 사업과 업무들도 전시품들과 함께 살펴볼 수 있다. 금방이라도 페리클레스며 아리스토텔레스며, 책에서만 읽어 오던 이름의 주인들이 어딘가에서 뛰어 나올 것만 같았다.

섬에서는 한 번도 보지 못한 체인 스낵 가게들이 아테네 시가지에는 즐비하다. 어제 손수 만든 치즈라든지 몇 주 전부터 열심히 햇볕에 말린 자두를 오늘 처음 내온다든지 하는 이야기와 함께 내오는 홈메이드 음식만 먹다가 일회용 용기에 또아리를 틀고 앉은 요거트를 받아 드는 기분이 생소했다. 타임머신을 타고 이동한 듯 모든 것이 현대적이고 낯선 아테네였으나 파르테논이 보이는 순간 다른 모든 생각은 사라졌다. B.C. 479년 증축 후 2500여 년이 지난 이때까지 전해지는 거대한 신전의 위엄은 요거트가 어쩌고 하는 생각을 순식간에 사라지게 했다. 머리를 수직으로 젖혀 사진을 찍다가 신전 옆에 개미만 하게 나오는 다른 사람들을

보고 또 한 번 그 엄청난 크기를 실감했다.

먹고 먹고 또 먹고, 충분히 먹었다 생각했던 그릭 샐러드가 또 '땡길' 타이밍이다. 경쟁이 있어야 자극과 발전이 있음이 가장 자명한 비즈니스는 요식업. 아테네 그릭 음식점들의 발전을 위해 기꺼이 한 번 더 먹어보겠다 생각하며, 신선한 염소 치즈와 토마토 향을 맡을 후각의 예민함을 한 단계 올렸다.

아테네에서 가장 역사가 깊은 거주 지구 플라카(Plaka)의 이름은 '농담'이라는 뜻을 가지고 있다는데, 도대체 누가 그런 뜻으로 동네 이름을 지었는지 모르지만 덕분에 여러 가이드북들은 이 곳이 아테네에서 가장 재미있는 동네라 소개하는 식상한 표현을 오랫동안 써 먹고 있다.

플라카에서는 몇 번만 골목을 돌아도 금방 이름이며 얼굴을 기억해 정답게 불러 주는 섬 마을 시장의 다정한 분위기는 느낄 수 없다. 하지만 동대문이 떠오를 정도로 시끄럽고 활기찬 시장 바닥 분위기가 흥겹다. 25유로면 살 I ♡ Greece 점퍼를 50유로에 불러 보는 무리수를 두는 점원에게 어이없다는 표정을 지어 보는 것도, 내가 멀어질 때마다 1유로씩 깎아 다급하게 가격을 부르는 천연 스펀지 가게 주인의 목소리도 모두 오랜만에 보는 친구들처럼 반갑다.

이번 여행에서의 마지막 그릭 샐러드다. 에르무(Ermou) 거리에서 기념품을 사고, 대로를 중심으로 뾰족하게 이리저리 뻗은 사잇길 중 하나로 쏙 빠져 식당을 찾았다. 그리스에서 처음 보는 격한 호객 행위에 여기저기 끌려 다니다 겨우 자리를 잡았는데 내 자리와 꽤 떨어져 있음에도 불구하고 단체로 여행 온 중국인 관광객들 덕분에 웨이터를 목놓아 서른 번을 외쳐야 목소리를 전할 수 있었다. 힘들게 불러 온 웨이터에게 주문을 하려는데, 코앞에서 주문을 받는데도 목소리를 듣지 못하는 지경에 이르러 결국 다른 타베르나로 옮겨야 했다. 웨이터도 그냥 다른

식당 테이블에서 고개를 조금만 치켜들어도 고대 그리스의 흔적들이 보인다.
금방 A.D.에서 B.C.로, 2000여 년이 순식간에 온데간데없다.

곳으로 가는 편이 식사를 제대로 할 수 있을 거라며, 옆 가게도 아니고 몇 블록은 더 가야 조용할 거라고 배웅을 해 주는데 정말 확성기를 달고 태어난 성대들인지 기분 나쁜 것보다도 어떻게 저렇게 크게 목소리가 나오나 신기할 정도다.

기념품을 줄 친구와 가족들에게 편지를 쓰고, 섬 처녀로 살던 근 한 달을 정리하고 돌아가 해야 할 일들의 목록을 만들며 샐러드를 먹었다. 식당 테이블에서 고개를 조금만 치켜들어도 고대 그리스의 흔적들이 보인다. 금방 A.D.에서 B.C.로, 2000여 년이 순식간에 온 데간데없고 나를 과거로 데려다 놓는다. 이리저리 살피는 몸짓이 자기를 부르는 줄 알고 자꾸만 쳐다보는 웨이터의 눈치가 살짝 보였지만 그럼에도 계속 샐러드를 먹으며 허리를 한껏 펴고 고개를 들어 아테네의 곳곳을 살피게 된다.

아테네 시민들의 집회와 시위 일정들을 써 붙인 포스터를 지나치며 시가지를 걸었다. 다시 올 날을 도무지 기약할 수 없어 전부 마지막이라 생각하니 알아듣지 못하는 언어라도 한 글자라도 놓치고 싶지 않아 꼼꼼하게 보게 된다. 무얼 말하는지 모르지만 아테네 시가지를 가득 메운 반듯한 글씨체의 그리스어, 이를 덮어 버리려는 듯한 엄청난 데시벨의 중국어, 억양 강한 영어로 '10유로!'와 '50달러!'를 외치는 목소리들, 그리고 그 사이에서 나직하게 한 국말로 그리스에 작별 인사를 고하는 여행자가 있다.

산토리니와 아테네, 그리고 요즘은 미코노스까지 가끔 끼워 준다 해도, 이 세 군데를 들러 보고 그리스를 보았다 할 수 없음을 나는 그리스 섬 여행을 마치고 돌아와 한동안 만나는 사람마다 붙잡고 떠들어 댔다. 물론 가장 잘 알려진 이곳 들도 그리스 여행에서 빼 놓을 수 없는 아름다운 관광지이지만, 그리스는 나머지 섬들을 제하고는 온전하지 않다. 모두에게 꼭 가 봐야 한다고 강력하게 추천하면 서도, 여태껏 여행했던 그 어떤 곳보다도 그리스 섬들이 깊이 맘속에 들어왔던 이 유가 바로 이들의 때묻지 않은 자연 그 자체로의 매력과 그 속에서 살아가는 섬 사람들의 모습이었기 때문에 한 편으로는 너무 많은 이들이 그리스 섬에 우르르 몰려가지 않았으면 하는 마음도 아이러니하게 자리한다.

장담할 수 없는 다음 그리스 섬 여행을 혼자 마음속으로 수십 번째 약속하고, 다시 왔을 때 너무 많이 변해 있지 않기를 부탁하며 나도 한국에서 언제나 마음 은 파랗게, 그리스 섬들을 닮은 채로 있겠노라 다짐했다.

SLEEP

스튜던츠 & 트래블러스 인
Students & Travellers Inn

아테네의 대표적인 관광지구 플라카에 위치하여 1인실, 2인실과 다인실을 제공하는 깨끗한 숙소. 세탁 서비스와 짐 보관 서비스를 제공하고 있어 스케줄이 복잡한 여행자들에게 더할 나위없이 편리한 곳이다.

16 Kydathineon, Plaka 10558

아바 호텔 아테네
AVA Hotel Athens

2011년 새 단장을 마치고 플라카에서 가장 로맨틱한 호텔로 꼽히는 아바 호텔은 서비스로 이용자들의 칭찬이 대단하여 다음 아테네 여행에서 묵고 싶은 숙소로 찜해둔 곳이다. 그리스다운 느낌이 물씬 나면서도 현대적인 편의시설과 컴퓨터 대여, 투어 대리 예약과 정보 안내 등 불평할 수 없는 세심한 서비스로 평이 자자하다.

9–11 Lyssikratous Street, Plaka 10558

EAT

카페 보엠
Cafe Boheme

맛있는 가정식으로 유명한 카페 보엠은 든든한 점심 식사 식당으로 강력 추천한다. 은은히 들리는 재즈 멜로디가 식사에 맛을 더하고, 지중

해식과 영국식의 퓨전 메뉴들은 생소하지만 한국인 입맛에도 딱 맞는다. 통유리로 되어 있어 식사 중에도 바깥 아테네 시가지 풍경을 모두 눈에 담을 수 있다. 칵테일이 맛있기로도 소문이 자자하다.

Omirou 36, Kolonaki 10672
+30 21036 08018
Syntagma Square and Kolonaki
www.cafeboheme.gr

스폰디
Spondi

미슐랭 별을 단 아테네의 고급 레스토랑에서의 식사도 특별할 것이다. 그리스에서 가장 방대한 와인 리스트를 가지고 있는 레스토랑 중 하나로(1,300여 종류의 와인을 보유하고 있다고 한다), 스폰디의 맛있는 아방가르드 프렌치 메뉴와 마리아주를 맞추어 저녁을 먹고나면 아침부터 관광에 지쳤던 몸에서 힘이 솟아나 늦게까지 이 아름다운 도시를 배회할 수밖에 없을 것이다.

5, Pyrronos Street, Pagrati 11636
+30 21075 64021
www.spondi.gr
info@spondi.gr

요고리셔스
Yogolicious

춥지 않은 시즌에 아테네를 찾는다면 파르테논이나 리카베투스 언덕 등 봐야 할 곳들이 모두 바쁜 발걸음을 요하니 숨도 차고 땀도 날 수밖에 없다. 시원하고 달콤한 간식 플레이스 중 요

즘 단연 인기 만점인 곳으로는 요고리셔스가 있다. 한국에서도 자주 맛보았던 요거트와 손수 골라 담는 토핑 + 깔끔한 포장과 가격이 마음에 쏙 드는 곳이다.
48 Adrianou Street, 10555
+30 21032 37394

TOURIST SPOTS/ACTIVITIES

뉴 아크로폴리스 박물관
New Acropolis Museum

아크로폴리스 박물관이 문을 닫고 새로운 부지에 문을 연 비교적 신생 박물관. 현대 아테네 시가지와 고대 유적지를 대표하는 파르테논이 공존하는 아크로폴리스 하부에 위치하고 있으며 건축가 베르나르 추미가 참여하여 만들어 낸 걸작으로, 건물 그 자체로도 유명한 뉴 아크로폴리스의 정교히 설계된 3차원 순환 경로를 따라 편안히 내부를 감상하면 각기 다른 시대의 역사를 가장 효율적·효과적으로 볼 수 있다고 하니 그리스가 처음인 사람도, 역사에 문외한인 사람도 몰입하여 돌아볼 수 있을 것이다.
15 Dionysiou Areopagitou, 11742
+30 21090 00900http://www.theacropolis-museum.gr
info@theacropolismuseum.gr
입장료: €5

리카베투스 언덕
Lycabettus Hill

우리나라의 남산쯤 되는, 아테네를 가장 잘 볼 수 있는 전망으로 알려진 곳이다. 아테네에서 가장 높은 곳으로, 해발고도 277m의 이 언덕은 아테네 시 어느 거리에서라도 고개를 들면 볼 수 있다. 숨이 찰 듯하면 나타나니 포기 않고 올라가는 여행객들이 대부분이다. 계단을 여럿 올라 도착하면 원형 극장과 언덕 위의 전망 좋은 레스토랑, 모노레일이 눈에 들어온다. 바쁜 아테네 시가지에서 벗어나고 싶다면 가장 먼저 추천하는 관광지.

아크로폴리스
Acropolis

'높다'라는 뜻의 그리스어 '아크로(akros)'와 '도시 국가(polis)'가 합쳐져 도시에 있는 높은 언덕이라는 의미의 장소. 세계 문화유산 1호로 지정된 것으로부터 알 수 있을 정도로 그리스뿐 아니라 전 세계적으로 그 의미가 대단한 문화유산이다. 파르테논 신전을 비롯하여 디오니소스 극장, 헤로데스 아티쿠스 음악당 등이 있다.

파르테논 신전
Parthenon

아크로폴리스의 대표적인 유적. 아테네 시 곳곳에서 수천 년의 시간이 지난 후에도 그 자리를 지키고 있는 수많은 찬란한 고대 그리스 유적들 중 가장 대표적인 것으로 꼽힌다. 끊이지 않고 터뜨려지는 카메라 플래시 앞에서 그 장중한 위엄은 꺾이지 않는다. 파르테논 하나를 보러 아테네를 가도 좋다 말할 수 있을 정도로 고대 그리스 문화의 총 집합체이자 완성점이라 할 수 있다.

신타그마 광장
Syntagma Square

1843년 이곳에서 최초의 헌법이 공포되었기 때문에 '헌법광장'이라는 뜻의 이름을 가지고 있다. 시의 정중앙에 위치하여, 이곳에서부터 여러 방향으로 뻗어 나가는 도로가 생겨나 지도에서도 찾기 쉽고 공항 버스도 신타그마 광장을 발착지로 삼아 언제나 사람들로 가득하다.

에르무 거리
Ermou

기념품 가게들로 가득한 아테네의 대표적인 쇼핑가. 소심한 여행가라도 바가지를 쓰지 않으려면 능청스럽게 흥정을 잘해야 가게마다 비슷한 상품들을 제 가격에 사갈 수 있다. 그리스 여행의 추억이 될 물건을 잘 골라 내는 안목과 소매치기에 주의하는 빠릿함은 꼭 챙겨 가야 할 거리. 모나스티라키(Monastirakid) 역에서 하차하여 찾아갈 수 있다.

교통 티켓은 €10.

버스와 지하철
Bus & Metro

도심과 항구를 오가는 많은 버스들이 24시간 운행된다(6am부터 자정까지는 20분마다, 자정부터는 1시간 간격). 지하철 역들도 도시 곳곳에 잘 배치되어 있어 다른 교통편을 사용하지 않더라도 관광하는 데 전혀 문제가 없다.

사복 경찰들이 종종 표를 검사하기도 하니 탑승 전 꼭 표를 구매하도록 한다.

아테네 시는 빠르지는 않지만 운치 있는 트램(www.tramsa.gr)과 항구, 공항, 도심을 잇는 총 길이 281km에 달하는 철도 또한 운영하고 있다. 더 궁금한 사항이 있다면 아테네 교통청(Athens Urban Transport Organisation, Metsovou 15, Athens, 10682 Greece, +30 21 0884 2716, www.oasa.gr)에 문의하자; 월~금요일 6.30am~11.30pm, 토~일요일 7.30am~10.30pm

TRANSPORTATION

공항 이동을 제외하고는 90분간 유효한 €1 가격의 표로 도시의 모든 대중교통을 이용할 수 있다. 24시간 교통 티켓은 €3, 1주일간 유효한

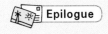

　어떤 이들은 그리스에 섬이 500개라 하고, 어떤 이들은 1,500개, 1,400개라고 하며, 6,000개라 쓰여 있는 여행 책자도 있다. 어차피 다 가볼 수는 없으니 마흔 개면 어떻고 만 개면 또 어떤가. 다시 가고 또다시 갈 수 있을 정도로 많이 있어 준다면 정확한 개수는 아무래도 상관없다.

　직접 그리스 섬들을 접하고서야만 비로소 느낄 수 있는 감정들을 하루키가 가감없이 써 놓은 『먼 북소리』를 읽으며 무한한 감동과 공감을 느낀 후, 어서 오라는 부름이 들려 떠났던 여행이었다. 막 개장한 놀이동산에 입장하는 손님처럼 아직 수많은 나라들의 관광 상품이 되지 않은 그리스의 여러 섬들을 뿌듯하게, 또 무척이나 조심스럽게 찾아 다니며 나는 흙 냄새와 바다 내음을 예민하게 느끼는 '자연'이라는 여섯 번째 감각을 발견했다. 이제 거의 다 무디어진 이 식스 센스를 다시 찾으러 가야 하겠다는 마음이 간절하다.

　지금까지의 여행 중 가장 정보 없이 무지한 상태로 돌아다녔기에 당연하게도 수많은 그림과 사진으로 상상해 왔던 그리스 섬들의 모습은 매일 가차없이 무너졌다. 용감한 여행자들만이 행복이라 받아들일 수 있는 예상이 빗나가는 순간들과, 새들의 노랫소리로 잠을 깨고 햇빛에 따뜻하게 달구어진 고운 모래사장을 밟으며 조개를 줍는 소소한 일상에서의 여유, 그리고 뼛속까지 시원하게 씻어 주는 파랑을 찾아 떠나고 싶다면, 앞으로 섬들을 찾는 사람들이 나와 마찬가지로 기대가 무너지고 그 대신 상상 이상의 벅차오름을 느낄 수 있도록 꼭 그 깨끗한 모습

그대로 남겨 두고 돌아와 달라고 부탁하는 것으로 이 책의 마지막 장을 끝맺고 싶다.

　다른 색으로는 상상조차 할 수 없는 그리스 섬들에서 느낀 여러 채도의 '블루'들을, 티 없는 초여름 하늘처럼 말갛고 깨끗한 마음으로 적어 내렸다. 그리스 섬들을 여행하며 흠뻑 물들어 온 그리스의 파랑이 수채 물감처럼 다른 많은 이들에게도 번졌으면 하는 바람이다.

그리스와 그리스의 섬들

여행을 떠나기 전, 낯설기만한 그리스와 그리스 섬들에 대해 좀 더 알아보자!

그리스
GREECE

정식 명칭 그리스 공화국(The Hellenic Republic)

··· 그리스 사람들은 제우스의 홍수에서 살아남은 프로메테우스의 손자, 헬렌을 조상이라고 여겨 조국을 '헬라스', 그리고 그리스 사람들을 '헬레네스'라 부른다.

위치 유럽 남동부 발칸반도 남단 (동경 22°00", 북위 39°00")

··· 발칸반도에 위치한 그리스는 유럽과 지중해가 교차하는 지리적인 특수함을 누리는 독특한 곳으로, 유럽의 고풍스러운 멋과 지중해의 청량함을 모두 가지고 있다.

수도 아테네

국가 자유의 찬가

면적 131,957km²

인구 약 1,076만 명(2012)

종족구성 그리스인 (98%), 기타 (2%)

공용어 그리스어

종교 그리스정교 98%, 이슬람교 1.3%, 기타 0.7%

건국일 1829년 3월 25일

정체 공화제

행정구역 51개 현과 1개 자치주

GDP 2711억$ (2012 IMF)

통화 유로(Euro)

기후 겨울에는 온화하고 여름에는 덥고 건조한 지중해성 기후

시간대 UTC +2

국제전화 +30

역사

기원전 6000년경 신석기 문화로 그리스 땅에 문명이 시작

기원전 1500년경 미케네 문명

기원전 8세기~ 도시 국가들의 등장

기원전 431년 아테네와 스파르타의 펠로폰네소스 전쟁

기원전 146년부터 그리스는 로마의 지배를 받으면서 로마 제국의 문화적 중심으로 발달

기원전 27년 완전히 로마에 편입

4세기 말 ~ 비잔틴 제국의 지배

15세기 중반 ~ 오스만 투르크의 통치

1822년 독립 선언

1829년 아드리아노플 화약과

1830년 런던회의에서 독립을 보장받음

1974년 북대서양조약기구(NATO) 가입

1981년 유럽공동체(EC, 현 EU) 가입

2001년 12번째 유럽단일통화(EMU) 회원국으로 가입

고대 민주주의의 요람

산지가 많고 평지가 적은 지형을 가진 그리스는 각 지역 간의 교류가 쉽지 않아, 정치적·사회적으로 독립된 도시 국가인 폴리스(Polis)가 고대부터 정치 형태로 발전했다. 폴리스에서는 모든 시민이 모여 공동의 일들을 결정했는데 이것이 바로 민주주의의 시초이다.

그리스정교

가톨릭, 신교 등과 더불어 그리스도교 3대 종파를 이루는 제파로, 동방정교회라고도 한다. 1054년에 로마 교회와 분리되어 동구 제국, 소아시아, 이집트 일부에 분포되어 비잔틴 제국과 동유럽 문화의 중요한 바탕이 되었다. 독자적인 교리, 전통과 전통을 갖고 있으며, 로마 교황의 권위를 인정하지 않고, 제례 의식을 보다 중시하며, 민족주의에 의하여 자치적인 성격이 강하여 지역마다 그 특징이 다르다.

그리스 음식

프랑스, 이탈리아 음식과 함께 서양 3대 요리에 속하는 그리스 음식은 앞의 두 나라의 요리에 비해 우리나라에는 훨씬 덜 알려져 있는데, 음식 재료의 신선도에 큰 가치를 두고 간소하게 차려 내는 것이 특징이다. 깔끔한 맛도 맛이지만 건강에도 매우 좋아 의식적으로 이를 찾는 사람들도 점점 늘어나고 있다.

그리스 국기

파랗고 하얀 십자와 스트라이프로 이루어진 국기는 하늘과 바다를 뜻한다.
십자가는 그리스도교 국가로서의 독립을 상징하고, 아홉 개의 줄은 1821년 시작된 독립 전쟁의 '자유냐 죽음이냐(Eleutheria e Thanatos)'라는 투쟁 구호의 아홉 음절을 상징한다(혹자는 9년간의 독립 전쟁을 뜻한다 말한다).

한국에서 그리스 아테네로 향하는 비행편

1회 경유
대한항공(취리히 경유)
아시아나(프랑크푸르트 경유)
에어프랑스(파리 경유)
KLM(암스테르담 경유)
영국 항공(런던 경유)
루프트한자(뮌헨/프랑크푸르트 1회 경유)
러시아항공(모스크바 경유)
중국국제항공공사(북경 경유)
터키항공(이스탄불 경유)
카타르항공(도하 경유)
에미레이트항공(두바이 경유)
에티하드항공(아부다비 경유)

2회 경유
스위스항공(방콕, 도쿄, 상해, 취리히 등 2회 경유)
알이탈리아(도쿄, 오사카, 로마 등 2회 경유)
스칸디나비아항공(상해, 북경, 코펜하겐 등 2회 경유)
오스트리아항공(방콕, 비엔나, 북경 등 2회 경유)

그리스의 섬들
GREEK ISLANDS

그리스 국토의 25%는 6,000여 개의 섬들로 이루어져 있다. 이 중 150여 개가 무인도이며, 거주 인구가 100명이 넘는 곳은 78개뿐이다. 성수기가 되어도 30여 개의 섬만이 바빠질 뿐, 잘만 찾아가면 연중 언제라도 무위도식하며 여유를 부릴 수 있는 곳이 바로 그리스의 섬들이다.

일곱 개의 제도
그리스의 섬들은 아테네 주변의 사로니스 만에 위치한 아르골리스-사로니코스 제도, 에게해의 한가운데에 오밀조밀 모여 있는 키클라데스 제도, 터키 서쪽 해안과 가까운 북 에게 제도, 그리스에서 가장 큰 섬인 크레테를 포함하는 크레테 제도, 에게해 남동쪽에 있는 도데카니사 제도, 에비아 해안 근방의 스포라데스 제도, 이오니아 해의 이오니아 제도로 묶여 구분되며, 각 제도의 대표적인 섬들은 다음과 같다.

1. 아르골리스 - 사로니코스 제도
메타나(Methana), 포로스(Poros), 스펫제스(Spetses), 이드라(Hydra) 등

2. 키클라데스 제도
56개의 섬으로 이루어진, 그리고 가장 잘 알려진 그리스 섬 제도인 키클라데스 제도를 대표하는 섬으로는 미코노스와 산토리니를 위시하여 아나피(Anafi), 델로스(Delos), 이오스(Ios), 밀로스(Milos), 낙소스(Naxos), 파로스(Paros) 등이 있다.

3. 북 에게 제도
이카리아(Ikaria), 레스보(Lesbos), 림노스(Limnos), 사모스(Samos) 등

4. 크레테 제도
섬 하나로 된 제도로인 크레테 제도는 다음의 네 구역으로 나뉘어 있다: 카니아(Chania), 레팀노(Rethymno), 이라클리온(Heraklion), 라시티(Lasithi)

5. 도데카니사 제도
칼림노스(Kalymnos), 카르파토스(Karpathos), 카소스(Kasos), 카스텔로리조(Kastelorizo), 코스(Kos), 레로스(Leros), 파트모스(Patmos), 로도스(Rhodes) 등

6. 스포라데스 제도
알로니소스(Alonissos), 스키아토스(Skiathos), 스코펠로스(Skopelos), 스키로스(Skyros) 등

7. 이오니아 제도
자킨토스(Zakynthos), 이타카(Ithaca), 코르푸(Corfu), 케팔로니아(Kefallonia), 레프카다(Lefkada), 키티라(Kythira) 등이 있다.
크레테 아래에 위치한 가브도스 섬(Gavdos)이라든지 엘라포니소스(Elafonissos), 트리조니스(Trizonis) 등 제도에 속해 있지 않은 섬들도 있다.

계획하기
그리스 섬 여행을 계획할 때에는 먼저 ① 가능한 여행 기간과 떠나는 시기를 고려하여 앞의 추천하는 섬들 중 몇 곳을 골라 내고 ② 경비행

기나 페리로 이동하기 전 거쳐야 하는 아테네에서의 일정을 결정한 다음 ③ 섬과 섬 사이의 이동 수단들을 살펴보고 먼저 찾을 곳과 나중에 여행할 곳을 정하는 것이 일반적이다. 여행 준비 기간에 따라 숙소를 구하는 것이 어려워 부득이하게 여행하는 섬들의 순서가 정해지는 경우가 아니라면 교통편의 스케줄과 가격을 고려하여 경로를 정하면 된다.

언제 갈까?
5월 중순~9월 중순까지는 그리스 섬들을 여행하기 더할 나위 없는 화창한 날씨를 만끽할 수 있다. 한여름인 7~8월에는 물론 온도가 조금 더 상승하고 가장 파랗고 가장 빛나는 그리스를 보기 위해 세계 각지에서 몰려드는 인파로 좀 더 덥게 느껴질 수 있으니, 초성수기를 피한다면 온화한 지중해성 날씨와 활기 띤 섬들의 모습을 가장 즐겁게 볼 수 있을 것이다. 페리와 보트 일정에 차질을 주는 9월 중순부터 시작되는 멜테미 바람을 주의하여 9월에는 여행을 마치고 돌아올 수 있도록 한다.

여행할 섬 고르기
비교적 가장 잘 알려진 대표적인 섬들인 산토리니, 크레테, 미코노스를 중심으로 하여 일정을 짠다. 이 세 곳의 섬에서는 최소 2박 3일을 보내도록 권한다. 더 오래 묵으면 묵을수록 더욱 다채롭고 행복한 경험들을 할 수 있으니 최대한의 일정을 추천하고, 세 곳의 섬에서 당일 혹은 넉넉하게 1박 2일 여행으로 추천하는 섬으로는 각각;

산토리니 아나피(Anafi), 이오스(Ios)
크레테 카르파토스(Karpathos)
미코노스 낙소스(Naxos), 파로스(Paros), 델로스(Delos)가 있다.

무슨 일이 있어도 여름 휴가는 해변과 맞닿아 있어야 한다는, 바다를 사랑하는 사람들에게는 아름다운 해변으로 정평이 나 있는 다음의 섬들을 추천한다.

자킨토스(Zakynthos) 섬 나바지오(Navagio) 해변
레프카다(Lefkada) 섬 포르토 카트시키(Porto Katsiki) 해변
엘라포니소스(Elafonisos) 섬 시모스(Simos) 해변
아노 쿠포니시(Ano Koufonisi) 섬 포리(Pori) 해변
찰키디키(Chalkidiki) 섬 사르티(Sarti) 해변

최대한의 자연주의를 만끽하고 싶은 사람이라면
자동차가 한 대도 없는 섬 이드라(Hydra)를,

역사와 문화에 관심이 많은 사람이라면
고대 키클라데스 문화의 중심지였던, 키클라데스 제도에서 가장 큰 섬 낙소스(Naxos), 한때 아폴로에게 바쳐졌던 섬인 델로스(Delos), 베네치아, 프랑스, 영국식의 건축 양식을 모두 감상할 수 있는 올드타운이 있는 코르푸(Corfu)와 손수 만든 날개를 달고 날다 떨어진 신화 속 인물 이카루스에서 그 이름을 따 왔다는 이카리아(Ikaria)를 추천한다.

혼자 떠나거나 친구들과의 여행이 아니라면 숙소, 교통편이 많아 가족 여행에 적합한
밀로스(Milos), 파로스(Paros), 낙소스(Naxos)를

권하고 싶고,

섬 여행은 다음으로 미루고 아테네와 필로폰네소스, 메테오라 등 내륙 여행을 하려는 여행자들에게는
아프로디테가 이 섬 부근의 해상에서 태어났다 알려진 키테라(Cythera)를 추천한다.

아테네 일정과의 접근성에 신경 쓰는 여행자라면 주목!
아테네에서(Athens International Airport "Eleftherios Venizelos"(IATA: ATH, ICAO: LGAV)), 또는 공항을 갖춘 기타 섬에서 비행편으로 이동할 수 있는 섬

1. 케팔로니아 (Cephalonia International Airport (IATA: EFL-ICAO: LGKF)); 약 1시간
2. 미코노스 (Mykonos Island National Airport (IATA: JMK, ICAO: LGMK)); 약 40분
3. 산토리니 Thira (Santorini (Thira) National Airport (IATA: JTR, ICAO: LGSR)); 약 45분
4. 크레테(Heraklion International Airport, "Nikos Kazantzakis" (IATA: HER, ICAO: LGIR)/Chania International Airport, "Ioannis Daskalogiannis" (IATA: CHQ, ICAO: LGSA)); 약 55분
5. 스키아토스 (Skiathos Airport 'Alexandros Papadiamantis' (IATA: JSI, ICAO: LGSK)); 약 40분

아테네에서 보트/페리로 섬 이동하기
아테네에서의 그리스 주요 섬들로의 보트/페리 이동 시간
아테네 – 산토리니(쾌속정 : 5시간/페리: 9시간)
아테네 – 크레테(페리: 9시간/비행: 1시간)

아테네 – 미코노스(페리: 5시간/비행: 40분)

그리스 보트/페리 정보들을 한 눈에 볼 수 있는 대표적인 웹사이트
http://www.ferries.gr/
http://www.greekferries.gr/

그리스 항공편
그리스 항공편을 운행하는 대표적인 유럽의 경비행기 항공사

이지젯 EasyJet
www.easyjet.com
에게안 항공 Aegean Airlines
www.aegeanair.com
올림픽 항공 Olympic Airlines
www.olympicairlines.com

한글	발음	그리스어
예	네 Ne	ναί
아니오	오히 Ochi	όχι
안녕 (여러 사람 또는 어른에게)	야사스 Ya sas	Γειά σας
안녕 (친한 사이 또는 한 사람에게)	야수 Yasoo	Γειά σου
아침 인사	칼리메라 Kalimera	Καλημέρα
오후 인사	칼로 아포옙마 Kalo Apoyepma	Καλὸ ἀπόγευμα
저녁 인사	칼리스페라 Kalispera	Καλησπέρα
밤 인사	칼리닉타 Kalinikta	Καληνυχτα
감사합니다	에파리스토 Efharisto	Ευχαριστώ
부탁합니다/천만에요	파라칼로 Parakalo	Παρακαλώ
죄송합니다	시그노미 Sifnomi	Συγνώμη
실례합니다	메 시호리스 Me Syhorite	Με συγχωρείς
입구	에이소도스 Eisodos	είσοδος
출구	엑소더스 Exodos	έξοδος
이것	아프토 Afto	αυτό
저것	에키노 Ekino	εκείνος
영업 중	아닉토 Anikto	ανοιχτό
휴무	클레이스토 Kleisto	κλειστό

한글	발음	그리스어
얼마예요?	뽀소 까니 아프토 Posso Kanay Afto	Πόσο είναι αυτό?
영어	앙그리카 Ag-glika	Αγγλικά
어제	엑세스 exthes	εχθές
오늘	시메라 shmera	σήμερα
내일	애브리오 ayrio	αύριο
월요일	데프테라 Deftera	Δευτέρα
화요일	트리티 Trith	Τρίτη
수요일	테타르티 Tetarth	Τετάρτη
목요일	펨프티 Pempth	Πέμπτη
금요일	파라스케비 Paraskevh	Παρασκευή
토요일	사바토 Savvato	Σάββατο
일요일	키리아키 Kyriakh	Κυριακή
1	에나 ena	ένα
2	레오 dyo	δυο
3	뜨리아 tria	τρία
4	테세라 tessera	τέσσερα
5	펜데 pente	πέντε
6	엑시 eksi	έξι
7	엡타 epta	επτά
8	오흑또 oktw	οκτώ
9	에냐 ennea	εννέα
10	레카 deka	δέκα

맹지나

틈날 때마다 어디론가 떠나고, 여행 중이지 않을 때는 언제나 다음 여행을 도모하고 있는 열혈 여행자이자, 여행 때마다 그 나라와 사랑에 빠져 그때의 낭만과 감동을 기록하여 나누고 싶어 하는 감성 작가.

고려대학교에서 국제학과 언론학을 전공했으며, 여행과 글쓰기를 업으로 삼고 있다. 이탈리아 최고의 카페를 찾아 떠난 여행을 기록한 『카페 이탈리아』, 겨울 내내 유럽에서 가장 크고 화려한 크리스마스 마켓들을 돌아보고 정리한 『크리스마스 인 유럽』, 여행자들의 친구가 되기 위한 가이드북 『랄랄라 런던』, 『랄랄라 파리』, 『랄랄라 이탈리아』를 집필했다. 이외에도 '론리플래닛코리아' 등 여행 관련 매체에 글과 사진을 기고하고 있다.

『카페 이탈리아』 (2011)

『크리스마스 인 유럽』 (2011)

『랄랄라 런던』 (2012)

『랄랄라 파리』 (2012)

바르셀로나 홀리데이』 (2014)

『랄랄라 이탈리아』 (2015)

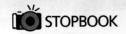
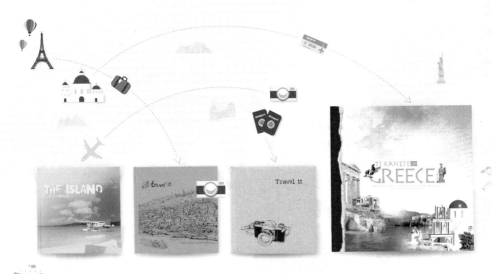